万物成长的
故事

[日] 稻垣荣洋 著　　刘雨桐 译

北京联合出版公司
Beijing United Publishing Co.,Ltd.

目录

第 1 章　大人和孩子哪里不一样？　　1

大人的体形比孩子大吗？　　2

快点长大是好事吗？　　8

为什么婴儿那么可爱？　　13

蜘蛛抚养后代的原因　　19

翻车鲀产很多卵的原因　　27

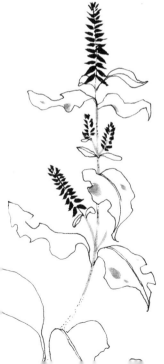

I

第2章 "玩耍"与"学习"

35

小螳螂也会玩耍吗？　　　36

为什么蜻蜓不学习？　　　40

生物的大脑不如 AI（人工智能）吗？　　　44

为什么小猎豹必须玩耍？　　　50

水獭似乎天生不会游泳　　　54

这是什么？　　　61

两亿年前没有语文和数学　　　67

河马张大嘴巴的原因　　　74

大猩猩的首领似乎是"奶爸"　　　80

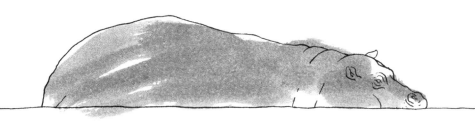

第3章 什么是"普通"?

87

你见过苍耳果实内部的样子吗? 88

大脑并不擅长处理庞杂的信息 94

大象和长颈鹿谁的体形更大? 105

普通的狗是什么样的? 112

蒲公英让种子飞走的真正原因 119

狐狸父母突然翻脸的时候 124

人类抚养孩子时间长的原因 130

对生物来说,什么是成熟? 135

是奶奶推动了人类进化吗? 142

第4章　成长的衡量方式

第4章　成长的衡量方式 149

如何衡量植物的生长情况？ 150

被踩过的杂草真的能站起来吗？ 157

什么时候生根？ 161

种植花草时阻止它们成长的原因 166

千年老树是如何生长的？ 170

抽穗的水稻是不是不再生长了？ 174

什么是成长？ 179

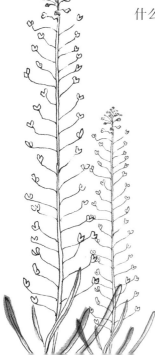

第5章　成长的力量来自哪里？

183

"人必须成长！"这个说法是真的吗？　184

以前，人们不"种"水稻吗？　189

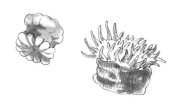

昆虫为什么必须经历幼虫时代？

被踩过的杂草如何生长？

鱼为什么产那么多卵？

咬幼崽的狐狸残忍吗？

蜻蜓为什么在塑料薄膜上产卵？

生物世界里有各种不可思议的故事。

有些生物是卵生的，有些生物是胎生的。

有些生物抚养后代，有些生物不抚养后代。

有些生物的成长是量变，有些生物的成长是质变。

有些生物依赖本能，有些生物拥有智慧。

有些生物的幼体期很长，有些生物的幼体期很短。

生物有各种各样的成长方式。

它们的成长背后有各自的原因。

它们身上都有值得学习的地方。

了解这些，才能看清人类本身。

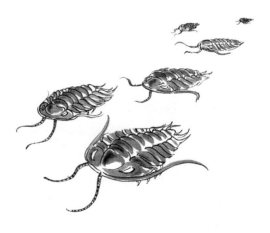

（ 第 **1** 章 ）

大人和孩子哪里不一样？

大人的体形比孩子大吗?

长大成人，不仅仅意味着
获得一些东西。

◆ 孩子的体形很小吗？

大人和孩子究竟哪里不一样呢？

在日本游乐园售票处的指示牌上，"孩子"被写成"小人儿"。一个普遍的认知是，大人的体形比较大，孩子的体形比较小。

真的是这样吗？

如果只有体形上的差异，那么大人就是"体形比较大的孩子"，孩子就是"体形比较小的大人"。

的确，孩子长大后，体形会变大。成长意味着"体形变大"。

孩子体形小，大人体形大。

不对，请等一下。

大人和孩子的区别真的只有体形不同吗？

◆ "大孩子"和"小大人"

其实，许多孩子的体形比父母大。我家的情况就是这样的——我儿子上中学后就比我高了。

我们来看看其他生物的例子吧。

右页图中有两只企鹅，哪一只是小企鹅呢？

乍一看，长着绒毛的圆滚滚的企鹅看起来似乎是成年企鹅，比较瘦的那只企鹅看起来像小企鹅。实际上，体形较大、圆滚滚的那只企鹅才是小企鹅。的确，比较瘦的那只企鹅更像我们印象中的企鹅；圆滚滚的那只企鹅虽然体形较大，但是看起来更像幼崽。

在企鹅的世界里，小企鹅的体形比成年企鹅更大。

企鹅生活在南极等极其寒冷的地区。为了抵御严寒和饥饿，小企鹅只好拼命储存脂肪。当然，成年企鹅也会储存脂肪，但处于成长期的小企鹅需要的营养物质更多。因此，小企鹅长成了比成年企鹅更大、更胖的样子。

是不是有些不可思议呢？

如果小企鹅在成长过程中体形比成年企鹅大，它就不再是小企鹅了，而是成年企鹅，不是吗？

　　但事实并非如此。显然，孩子和大人的区别不仅仅在于体形大小。尽管小企鹅体形更大，也不算是成年企鹅。

王企鹅

有一种叫作奇异多指节蟾的生物，蝌蚪形态有25厘米长。然而，令人惊讶的是，奇异多指节蟾的成体只有约6厘米长，仅有蝌蚪形态的四分之一长。

蝌蚪形态的幼体体形更大，越长大，体形越小，真不愧是"奇异"多指节蟾。

为什么奇异多指节蟾的蝌蚪形态体形更大呢？为什么变成成体后，体形反而变小了呢？

很遗憾，人们至今不太清楚原因。有一种说法认为，这是因为奇异多指节蟾生活在高盐度的海洋附近，在它们还是蝌蚪的时候，需要较大的体形来适应周围高盐度的环境。不过，这种说法尚未被证实。

不管怎样，这个现象背后一定有合理的原因。

实际上，孩子长大，并不仅仅意味着体形变大。

◆ 成长过程中也会失去一些东西

　　尽管大部分青蛙的成体形态与蝌蚪形态的差异没有奇异多指节蟾那么大，但在我们的印象中，蝌蚪的体形是比较大的。蝌蚪又圆又胖，变成青蛙后，身体就会变瘦。

　　也许是青蛙长长的四肢让它们看起来更瘦。蝌蚪变成青蛙，意味着它们长出了四肢。但是，它们也失去了一样东西——尾巴。

　　蝌蚪变成青蛙时，先长出后腿，再长出前腿。最后，蝌蚪会失去帮助它们在水中游来游去的尾巴。

　　长大不仅仅意味着获得一些东西。就像蝌蚪变成青蛙会失去尾巴那样，我们也会在成长过程中失去一些东西。

快点长大是好事吗？

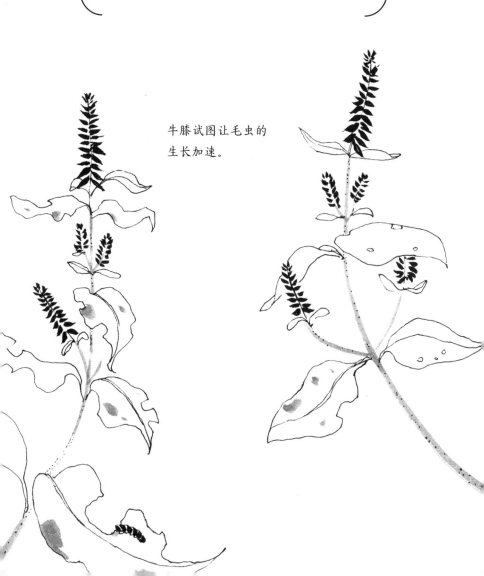

牛膝试图让毛虫的
生长加速。

◆ 幼虫的任务

昆虫的幼虫与成虫形态大不相同。例如，美丽的蝴蝶在幼虫时期是毛虫，蜻蜓的幼虫是生活在水中的水虿，蝉的幼虫生活在土里。

昆虫成虫的一大特征是拥有翅膀。它们靠翅膀迁徙，扩大分布范围。

幼虫没有翅膀。毛虫甚至连快速爬行都做不到。那么幼虫到底有什么用呢？

其实，幼虫的任务就是长成成虫，它们仅仅为了这个目标而存在。

这样的幼虫有存在的价值吗？如果昆虫生下来就是成虫的样子，不是更好吗？

◆ 小独角仙与大独角仙

深受孩子喜爱的独角仙的幼虫很像毛虫。

人们往往更喜欢体形较大的独角仙。但是，也存在一些体形较小的独角仙，不管给它们喂多少食物，它们的体形都不会变大。因为独角仙一旦成为成虫，不管吃多少都不会再长大。

为什么独角仙的体形有大有小呢？

原来，独角仙的体形是由幼虫时期摄入食物的量决定的。对它们来说，多吃东西非常重要。吃得多的幼虫就能长得更大，最终成为大独角仙。只要踏踏实实地度过幼虫时期，就能成为一只健壮的成虫。

幼虫是为了长成成虫而存在的。

想要长成一只健壮的成虫，必须脚踏实地度过幼虫时期。

我们人类又是如何呢？

◆ 快点长大吧

　　毛虫会狼吞虎咽地啃食植物的叶子。但植物并不会"坐以待毙"。为了不被毛虫等虫子啃食，它们想尽了办法。例如，很多植物让自己的叶子含有毒素。

　　但是，为了对抗那些有毒的成分，毛虫进化出一种让毒素无法起作用的解毒机制。因此，即使植物用有毒的化学物质进行防御，毛虫也会毫不在意地大口啃食叶子。

　　那么，植物该怎么办呢？

　　还有一个隐藏秘技——一种叫牛膝的植物选择用毛虫无法抵抗的方式保护自己。

　　牛膝的叶子中含有一种能让毛虫加速生长的物质。吃了牛膝叶子的毛虫会不断蜕皮。结果，毛虫还没来得及吃到足够的叶子，就变成了成熟的蝴蝶形态。

　　如果面对的是毒素，毛虫一定会拼尽全力想出对抗的办法。但是，这种物质是帮助毛虫成长的，它们无计可施，只能变成蝴蝶飞走。通过这种方式，牛膝赶走了讨厌的毛虫。

　　过早地长成成虫，似乎是件好事。

但是，对毛虫的幼虫来说，吃东西是它们的任务。多吃东西，多摄入营养物质，是长成一只健壮成虫的必要条件。那些没有吃到足够的叶子就过早长大的毛虫恐怕只能长成瘦弱的成虫。

没有经历像样的幼虫时期就成熟的瘦弱成虫没有产卵的能力。于是，牛膝彻底打败了毛虫。

"快点长大吧。"

这就是牛膝让毛虫胆寒的作战计划。

我们会不会也在不知不觉中对孩子做了同样的事呢？如果"小大人"一样的孩子越来越多，那将是一件可怕的事。

要成为一个优秀的大人，好好度过童年时光是非常重要的。

为什么婴儿那么可爱？

宽额头是"不可攻击"的信号。

◆ 难以辨别成年与否的生物

孩子和大人是不同的。

但是，有些生物幼年时期和成年时期的外表一模一样。

例如，小鳄鱼和成年鳄鱼一模一样。刚从蛋里孵出来的小鳄鱼就拥有一副威风的外表。此后，它们的体形一年比一年大。体形较大的鳄鱼身长可以达到数米。

但是，如果生存环境和温度不同，鳄鱼的生长速度也是不同的。所以，人们无法单凭鳄鱼的体形判断它们的年龄，分不清哪一只是成年鳄鱼、哪一只是小鳄鱼。

自然界中有蝴蝶、青蛙这种成体和幼体形态差别极大的生物，也有鳄鱼这种成体和幼体形态没什么不同的生物。

差别极大的成体形态和幼体形态有什么不同呢？

海葵就是一种成体和幼体形态差别极大的生物。

小海葵被称为浮浪幼虫，形态非常像水母。浮浪幼虫可以在海洋里自由自在地游动。找到心仪的岩石地带后，它们就会在那里停下脚步。之后，它们不再移动，慢慢长成海葵。

小海葵肩负着迁徙的重任，成年海葵则肩负着繁衍的重要使命。

青蛙、蝴蝶的成体和幼体形态也完全不同。但是，它们的成体和幼体的任务却与海葵相反——成体负责移动，幼体只要待在原地。

看来，如果某种生物的成体和幼体任务不同，那么这种生物的成体和幼体形态也会不同。而那些成体和幼体没有任务分工的生物，成体和幼体形态相似。

幼体　　　　成体

海葵

◆ 大人和孩子

人类是怎样的呢？

人类并不会在成年后长出翅膀，也不会失去尾巴。

大人和孩子的样貌十分相似，但两者并非完全相同。例如，婴儿往往有一张可爱的脸。

婴儿可爱的秘诀在于额头的宽度。婴儿的眼睛和鼻子集中在脸的下部，额头很宽，看起来很可爱。

此外，婴儿拥有大大的脑袋和短短的四肢，看起来圆滚滚的。这也是成年人身上没有的可爱感。所以，如果出现一个比成年人体形更大的巨型婴儿，大家也能一眼就看出来。

大人和孩子看起来不同，人类并不像鳄鱼那样难以辨别成年与否。

不只是人类，狗和猫的幼崽也非常可爱。即便是凶猛的狮子或狼，它们的幼崽也是很可爱的。

"幼崽很可爱"正是哺乳动物的一大特征。

◆ 为什么婴儿那么可爱？

哺乳动物的幼崽外表都很可爱。

婴儿慢慢长大，变成孩童。这时，他们看起来还是很可爱。但是，成年后，这种可爱感就慢慢消失了。

虽然青蛙的成体和幼体形态不同，但处于幼体状态的蝌蚪实在称不上可爱。蝴蝶的幼体——毛虫——也让很多人反感，只有少数人觉得它们可爱。

为什么哺乳动物的幼崽拥有可爱的外形呢？

这是因为哺乳动物的幼崽是"需要被保护"的对象。

哺乳动物会抚养后代。哺乳动物的幼崽就是被抚养的对象。为了被保护，幼崽长成了可爱的样子。就像乌龟用坚硬的龟壳保护自己、毛虫用有毒的毛武装自己一样，哺乳动物的幼崽用"可爱"这个武器保护自己。

婴儿的额头很宽。

为什么额头宽就显得可爱呢？

这不过是因为成年人的大脑会程序性地将"额头宽"这个特征理解为可爱。

这个说法的证据是，如果一个人的额头很宽，即使不是婴儿，看起来也会很可爱。

其实，不是因为额头宽才可爱。

就像红灯是代表"停止"的信号那样，宽额头是代表"不可攻击""必须保护"的信号。

对哺乳动物来说，"大人"必须保护"孩子"，"孩子"必须被"大人"保护。大人和孩子虽然有相似的外表，但实际上并不相同。大人和孩子拥有不同的任务。

那么孩子的任务是什么呢？

孩子的任务非常明确，就是"成为大人"。

踏实地度过童年时期，成为像样的大人，就是孩子的任务。

话虽如此，现在我们却越来越难分辨大人和孩子。

举手投足像个大人、没有孩子气的"小大人"越来越多，十分孩子气、长不大的"巨婴"也越来越多，真是令人担忧。

蜘蛛抚养后代的原因

小蜘蛛居然会吃掉母亲？！

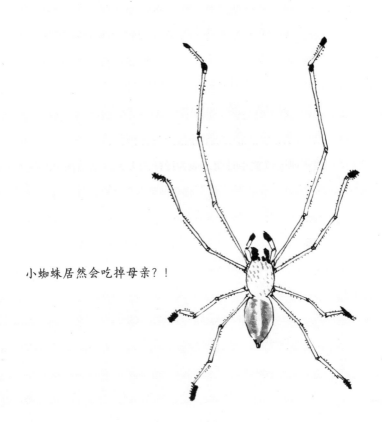

◆ 会抚养后代的昆虫的特征

　　只有一部分生物会抚养后代，大多数生物不会抚养自己的孩子。

　　例如，蝴蝶、蜻蜓等昆虫产卵后就会离开。从卵中孵化出来的幼虫一出生就得不到任何保护，只能靠自己的力量生存。

　　大多数鱼类也不会抚养后代，它们产下卵就不管了。只有一小部分是例外。

　　但是，人类不是这样的，人类会倾注爱意抚养自己的孩子。

　　与人类相比，自然界的其他生物作为父母是多么无情啊。

　　不过，有些昆虫和鱼类也会抚养后代。

　　蝎子就是一种会抚养后代的动物。在大家的印象中，蝎子是一种长着毒刺的可怕生物。实际上，它们非常疼爱自己的孩子。长着八条腿的蜘蛛并不属于昆虫（昆虫只有六条腿），有些蜘蛛也会抚养后代。蝎子和蜘蛛在人类看来是不讨喜的生物，但它们都是会抚养后代的"孩子奴"。

　　其实，大多数昆虫只产卵、不抚养后代是有原因的。

　　很多生物以弱小的昆虫为食。即使昆虫想保护自己的卵和孩子，可如果自己被吃掉了，就根本无法保护孩子。

蝎子可以用强大的毒刺逼退敌人，蜘蛛在虫子的世界里也是雄霸一方的强者。所以，它们可以保护并好好抚养后代。

保护后代、抚养后代是强大的生物才有的特权。只有那些有能力保护孩子的父母才有抚养孩子的权利。

◆ 虫子如何抚养后代？

对小小的虫子来说，抚养后代是非常困难的事。

我们经常看到的蠼螋也会抚养后代。

蠼螋的尾部长着一把大大的"剪刀"。这把"剪刀"是它们保护自己的武器。由于蠼螋拥有能够保护孩子的强大力量，所以难得地拥有抚养后代的能力。

蠼螋妈妈通常在石头下产卵。它们会一直趴在卵上，直到孵出小蠼螋。

如果有人把石头掀开，蠼螋妈妈就会高高举起自己的"剪刀"，努力吓退敌人。在孵出幼虫之前，蠼螋妈妈一步也不会离开。在长达一两个月的时间里，蠼螋妈妈就这样不吃不喝地保护着自己的卵。

最后，幼虫终于从卵中出来了。但蠼螋妈妈的工作还未结束。

蠼螋会猎捕小型昆虫，但刚出生的幼虫还没有捕食的能力。于是，蠼螋妈妈将自己献给幼虫们食用，刚出生的幼虫们开始吃母亲的身体。

如果此时石头被掀开，即使蝾螈妈妈正在被幼虫们啃食身体，也会用最后一丝力气挥舞"剪刀"，恐吓敌人。

这就是蝾螈妈妈。这就是蝾螈抚养后代的方法。

幼虫将母亲的身体吃光后，便分散开去，踏上各自的旅途。

◆ 蜘蛛妈妈

蜘蛛往往让人讨厌，但有些蜘蛛其实也会抚养后代。以各种昆虫为食的蜘蛛在虫子中少有天敌，所以它们有抚养后代的能力。

常见的络新妇就是一种会抚养后代的蜘蛛。络新妇一般在树干上产卵，然后趴在卵上，保护孩子。

还有一种在日本被称为"守儿蛛"的水狼蛛。

水狼蛛捕猎的方式不是织网，而是在地面上来回巡逻。其实水狼蛛也是一种常见的蜘蛛。水狼蛛妈妈产卵后，卵依然在屁股上的卵袋里，它们就这样带着卵袋四处走动。小水狼蛛从卵里出来后，水狼蛛妈妈会将所有的小水狼蛛背在背上。正是这种背着孩子的举动，让水狼蛛有了"守儿蛛"的名号。

此外，草丛中常见的斜纹猫蛛和日本拟肥腹蛛会在巢中产卵，然后留在巢中保护卵囊。刚从卵里出来的小蜘蛛会在巢中与母亲共同生活一段时间。

还有一种会抚养后代的蜘蛛叫作日本红螯蛛。它们的抚养方式非常壮烈。

日本有毒的蜘蛛并不多，日本红螯蛛是其中毒性最强的。它们恐怖的毒素可以保护自己不被敌人伤害。

日本红螯蛛会把芒草等植物的叶子卷起来，当作自己的巢，并在外面巡逻，捕食其他昆虫。

快要生产时，日本红螯蛛会专门搭建一个用于产卵的巢。产卵后，日本红螯蛛会留在巢里保护它们的卵。这时，它们的警惕心极强，攻击性也极强，需要格外小心。

小红螯蛛出生后，竟然一拥而上，开始吸吮母亲的体液。它们喝的不是乳汁，而是母亲的体液。日本红螯蛛妈妈并不会躲开，而是慈爱地任由孩子们吸食自己。这就是日本红螯蛛抚养后代的方式。

小红螯蛛的生日对母亲来说意味着生命的终结。但这正是日本红螯蛛妈妈梦寐以求的一刻。

◆ 抚养方式的进化

蠼螋和日本红螯蛛用自己的生命保护下一代。

也许有人会说，那不过是一种本能。没错，那就是本能。

它们的行为并非出于牺牲自己保护孩子的感情，只是因为必须那么做。它们甚至可能并没有意识到自己必须那么做，一切行为都只是出于本能。

动物可以根据有无脊椎骨的标准分为脊椎动物和无脊椎动物。

是否有脊椎骨的差别有那么大吗？的确如此。以有无脊椎骨为标准便于分类。

蜘蛛、章鱼等属于无脊椎动物。无脊椎动物的行为完全出于本能。而鱼类、两栖动物、爬行动物、鸟类、哺乳动物属于脊椎动物。

脊椎动物不仅拥有本能，智力也得到了发育。包括人类在内的哺乳动物是最大限度地利用智力的生物。

那么，脊椎动物是怎样抚养后代的呢？

幸存的翻车鲀是从几亿颗
鱼卵中存活下来的。

翻车鲀产很多卵的原因

◆ 鱼类也会抚养后代吗？

即使在脊椎动物中，也只有少数生物会抚养后代。许多生物只会产卵或生幼崽，不会抚养后代。

鱼类是最古老的脊椎动物，除了一些特殊品种，大多数鱼类都不会抚养后代。它们能做的只有大量产卵。

无人照料的鱼卵很难成功长成小鱼。因此，为了对抗低生存率，鱼类只能拼命产很多卵。

据说，水族馆里很受欢迎的翻车鲀一次会产三亿颗卵。如果这些卵都能长成小鱼，大概全世界的海洋都会被翻车鲀填满。但这样的事并不会发生。

根据有关研究，一条翻车鲀产下的卵中，只有两颗能够存活。也就是说，两条幸存的翻车鲀背后存在三亿颗未能成功长大的鱼卵。翻车鲀的生存率仅为一亿五千万分之一，鱼卵顺利长成小鱼的概率远低于中彩票头奖的概率——一千万分之一。

顺利长大的翻车鲀可是比彩票头奖得主更幸运的超级幸运儿。

对那些不抚养后代的生物来说，成长是一件如此残酷的事。

在脊椎动物的进化过程中，鱼类首先走上陆地，进化成青蛙、蝾螈这样的两栖动物。但是，会抚养后代的两栖动物也很少，大部分都是产下卵就不管了。

由两栖动物进化而来的爬行动物又是怎样的呢？

两栖动物虽然成功走上了陆地，但栖息地仍在水边。后来，正式"进军"陆地的更具耐旱性的爬行动物出现了。

两栖动物在水边产卵。以青蛙为例，它们的幼体只能以蝌蚪形态生活在水中。爬行动物则不同，它们在干燥的陆地上产卵。为了防止后代死于干燥，爬行动物的卵进化出了硬壳。为了给卵保温，爬行动物还会选择在土中产卵。

虽然爬行动物会"武装"自己的卵，但很少有爬行动物会抚养后代。

◆ 最先抚养后代的脊椎动物

在脊椎动物中，谁是最先开始抚养后代的呢?

是恐龙。

虽然恐龙的外形与蜥蜴、鳄鱼等爬行动物相似，但恐龙并不是爬行动物。它比爬行动物进化得更高级。

爬行动物是体温会随外部温度变化而变化的变温动物。恐龙是恒温动物，体温与外部温度无关，始终保持恒定。此外，恐龙是群居动物，会随着季节变化更换栖息地。比起爬行动物，恐龙的特性更接近现代鸟类。

人们认为恐龙与鸟类一样，都是会抚养后代的生物。

在已被发现的恐龙化石中，有些恐龙的形态像是正在巢中孵蛋，有些像是在等待父母喂食。

◆ 强大的母亲

包括人类在内的哺乳动物是怎样的呢?

与自己孵蛋、自己抚养后代的恐龙和鸟类相比,哺乳动物进化得更高级——它们会"生孩子"。

"哺乳动物"这个名字代表"会哺乳的动物"。哺乳动物的繁衍方式并不是产卵。哺乳动物的孩子在母亲的肚子里发育到一定程度后才会出生。之后,母亲会喂孩子吃营养价值很高的乳汁。这是哺乳动物的一大特征。

孩子并非生活在卵里,而是在母亲的肚子里长大。这种繁衍方式极大地提高了哺乳动物的生存率。不仅如此,母亲还为孩子准备了乳汁这种特别的食物。

还记得吗?

无脊椎动物中只有蝎子和蜘蛛这类少有敌手的生物才能抚养后代。抚养后代是能够保护孩子的强壮生物才有的"特权"。

脊椎动物又是怎样的呢?

鱼类和爬行动物一般通过产卵的方式繁衍。不过,其中也有一些像哺乳动物一样生孩子的物种。鱼类和爬行动物是卵生动物，它们没有可以孕育孩子的胎盘，只能在体内将卵孵化，再将孵化的孩子"生"出来。这并不是哺乳动物的"胎生"行为，但是非常相似，所以也被称为"卵胎生"。

在鱼类中，鲨鱼是卵胎生的。在爬行动物中，蝮蛇是卵胎生的。鲨鱼和蝮蛇都是难逢敌手的强大生物。

在脊椎动物进化的过程中，第一个真正抚养后代的物种——恐龙——是统治地球的霸主。此外，据说是由恐龙进化而来的鸟类也会抚养后代。哺乳动物的抚养方式比恐龙和鸟类更高级，进化出在体内保护胎儿、用乳汁喂养孩子的能力。

◆ 哺乳动物很强大吗？

哺乳动物是强大的生物吗？

现在，哺乳动物已经取代恐龙，成为主宰地球的生物。但是在恐龙繁盛的时代，哺乳动物非常弱小。

弱小的哺乳动物为了不被恐龙发现，只能在夜晚行动。同时，为了躲避恐龙，哺乳动物的听觉、嗅觉等感觉器官以及控制感觉器官的大脑得到进化，还获得了快速运动的能力。

就这样，哺乳动物进化出躲避敌人、保护孩子的能力。最后，哺乳动物成为不产卵、可以直接生育孩子的物种。现在，哺乳动物在地球上繁荣发展。哺乳动物之所以拥有抚养后代的能力，并不是因为足够强大，而是因为它们很弱小，为了生存，才进化出抚养后代的能力。

此外，哺乳动物的智力也得到了发育。

实际上，要想充分利用智力，哺乳动物必须抚养后代。

"智力"和"抚养后代"有什么关系呢？为什么为了智力发育，哺乳动物必须抚养后代呢？

这些问题留到下一章再讲吧。

第 2 章

"玩耍"与"学习"

小螳螂也会玩耍吗？

昆虫的本能最发达。

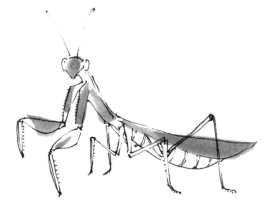

◆ 什么是玩耍？

哺乳动物的幼崽经常玩耍。

幼崽的好奇心总是非常旺盛。它们对很多东西感兴趣，想做很多事。而且，它们会尝试模仿"大人"的行为。它们时而其乐融融，时而兄弟姐妹间争吵不断。

幼崽整天都在玩耍。在为了食物努力奔波的父母看来，它们的生活真是太轻松了。

动物幼崽这样的行为到底有什么意义呢？

不仅仅是动物，人类的孩子也是这样的。

孩子会永不厌烦地朝河里扔石头，专注地观察死去的蝴蝶，有时甚至会拨弄几下。他们会在走路的时候东张西望，会捉弄其他孩子，或者进行恶作剧。

孩子感兴趣的事在大人看来都是些没有任何价值、无关紧要的事。陪孩子玩对大人来说只是一件麻烦事。

但是，"玩耍"是哺乳动物和它们的孩子"学习"生存智慧的方式。对哺乳动物来说，"玩耍"是一种重要的生存手段。

◆ 昆虫不会教育孩子

很多生物拥有本能和智力。

例如，候鸟不需要任何人教导就能在该迁徙的季节沿着既定路线迁徙，几乎不会迷路。鲑鱼也会自然地逆流而上，回到自己出生的河流。

这就是本能。生物拥有依靠本能行动的能力。

昆虫的本能最发达。即使没有从父母那里学到任何东西，昆虫也能生存下去。刚出生的小螳螂不用谁教就会举起"镰刀"捕食小虫子。

蜜蜂能造出设计感十足、功能性绝佳的六边形蜂巢。找到花蜜后，它们会告知同伴花的方位。工蜂无须教导就会照顾蜂后和幼虫、修理蜂巢。

昆虫依靠高度发达的本能完成生存所需的行动。

与昆虫不同，哺乳动物很麻烦。

刚出生的婴儿无法独立生存。但是，婴儿不需要谁教就会喝奶，他们凭本能能做到的只有这件事。

然而，食肉动物的幼崽如果没有得到父母的教导，连捕猎都不会。食草动物也是一样的，虽然父母逃跑时它们也会跟着逃跑，但它们甚至不知道什么样的情况是危险的。

哺乳动物虽然也有本能，但并不具备昆虫那样完美的行动本能，如果没有人教，就什么也不会。

为什么蜻蜓不学习？

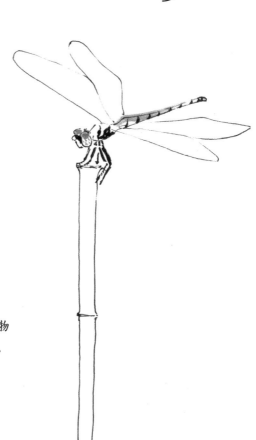

依靠"智力"的生物
需要自己寻找答案。

◆ 昆虫的错误

昆虫的本能非常发达，但本能也有缺陷。

有些蜻蜓会在快要干涸的水坑里产卵。在那种地方产卵的话，幼虫恐怕来不及长大就被晒干了。蜻蜓却放心地将卵产在那里。有些蜻蜓甚至会在塑料薄膜上产卵。它们是不是把那里当成水面了呢？

蜻蜓的视力极佳，能够远距离捕捉小虫子。它们应该能在空中看出那里不适合产卵。但它们的行为像被写好的程序一样——它们依从本能，在能反射阳光的地面上产卵。也许在没有沥青和塑料薄膜的时代，这个"程序"是行得通的。

如今，这个"程序"已经行不通了。

尽管如此，蜻蜓还是按照早已行不通的程序，在错误的地方产卵。

食蛛蜂会把捕获的昆虫等食物带回蜂巢喂养幼虫。但是，如果食物在被带回蜂巢的途中掉下去了，它们并不会去找，而是径直飞回蜂巢。此外，那些依靠光线来判断自己位置的昆虫，在黑暗的环境中会冲向明亮的灯泡。

这些都是它们机械地遵从本能而犯的错。

这就是本能的缺陷。

在某个固定的环境中，它们可以正确地行动。但是，它们完全无法应对不符合"程序"设定的环境变化。

那么，它们该怎么办呢？

◆ 智力也有缺陷

　　昆虫的本能极其发达，而包括人类在内的哺乳动物为了生存，智力得到了高度的发展。哺乳动物可以用大脑来思考，不管面对怎样的环境，都能随机应变，还可以通过处理信息、分析情况来判断该做什么。这些是拥有智力才能做到的事。

　　拥有智力的哺乳动物一看就知道蜻蜓在塑料薄膜上产卵的行为是错误的。如果食物掉了，哺乳动物也会立刻去找。这就是智力的优势。

　　但是，智力也有缺陷。

　　在漫长的进化过程中产生的"本能"往往是引导正确行为的指南。也就是说，本能已经给出了答案。

　　依靠"智力"的生物则需要自己寻找答案。然而，自己找到的答案未必是正确的。即使深思熟虑，有时也会做出错误的行为。

生物的大脑不如
AI（人工智能）吗？

让孩子在安全的环境中积累经验是
哺乳动物作为父母的使命。

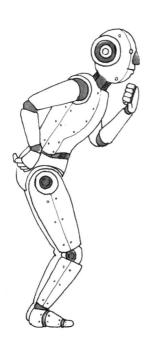

◆ AI 的学习能力

怎样才能避免智力引发的错误行为呢？

为了分析情况，信息是必不可少的。近年来，AI技术发展迅速。甚至在人们认为电脑不可能战胜人类的围棋和将棋（日本象棋）领域，AI也能轻易击败人类。

AI已经能够"深度学习"了。

例如前面提到的围棋和将棋，要想提高技术，就需要大量信息。

人们先在电脑中输入围棋和将棋的规则，再在电脑中输入围棋和将棋的定式。但是，如果仅靠这些，AI赢不了人类。

于是，人们在电脑中输入大量过去的对弈数据，电脑就会知道怎样能取胜、怎样会失败。

但是，如果只是反复给电脑灌输人类的知识，AI并不能超越人类。

此后，电脑会自己重复围棋或将棋的对弈过程，逐渐学会如何取胜。这种机器自主学习的过程就是"深度学习"。

电脑可以用极快的速度重复对弈过程，从而获得大量信息。这样一来，人类就无法与之抗衡了。

能轻易击败人类的AI就是通过这种方式培养出来的。

哺乳动物的智力也是这样的。

为了找到正确答案，我们需要大量信息。但是，仅有外界提供的信息是不够的，必须在获取信息的基础上，在自己的大脑中重复这些信息，判断信息的准确性。

这就是"经验"。

就像一台没有输入任何信息的电脑不过是一个盒子一样，没有获取足够信息的智力根本无法发挥作用。

对人类来说，经验是必不可少的。

◆ AI 做不到的事

很久以前，"框架问题"就被看作AI的弱点之一。下面用一个关于机器人的故事来解释什么是"框架问题"。

一个洞穴里放着能驱动机器人的电池，电池上有一枚定时炸弹。现在，人们要给机器人一个指令，让它将电池拿出来。

一号机器人成功地从洞穴里拿出了电池，但也把炸弹一起带出来了，所以它爆炸了。虽然它完成了"拿出电池"这一指令，但完全没考虑其他事情。

接着，人们在给二号机器人的指令中增加了"考虑行动后果"这个条件。结果，二号机器人在电池前停了下来。因为它担心拿掉炸弹会导致洞顶坍塌或靠得太近会损坏墙壁。它考虑了太多几乎不可能发生的情况，最终什么也做不了。

三号机器人得到的指令是，取出电池，不要考虑与目的无关的事情。结果，三号机器人甚至没能进入洞穴。因为与目的无关的事情无穷无尽，一一排除这些事情需要无限多的时间。

人类很容易想到必须先拆除危险的炸弹，再取出电池。但对AI来说，没有"拆除炸弹"这个指令，它们就想不到这一点。

其实，这个从洞穴里取出电池的问题是AI研究早期阶段提出的问题。现在，AI已经可以在规避炸弹的前提下取出电池了。

然而，这并没有解决机器人无法适当处理意料之外的事这个实质性问题。如果设定好条件和情景，框架问题可以得到解决。但是，要解决所有问题，必须输入大量信息。

人类的"经验"优于AI的"信息量"。

人类的优势在于能处理意料之外的情况。如果一个人面对意料之外的情况就不知所措地停下脚步，其实和早期的AI没什么区别。

◆ 经验就是不断重复"成功"和"失败"

经验就是反复经历"成功"和"失败"。

例如，AI在下围棋或将棋时会积累怎样做会成功、怎样做会失败的信息。

哺乳动物也一样。通过反复经历成功和失败，慢慢认清怎样做会成功、怎样做会失败。这就是经验。

但是，对哺乳动物来说，获得经验是有条件的——经历必须是安全的。如果不安全，哺乳动物也许会因此丧命。

"被狮子撕咬"和"从高楼上跳下来"之类的经历无法提供对生存有用的信息。因为失去生命意味着一切都结束了。

所以，任何经历都必须在安全的环境中体验。

哺乳动物会保护自己的孩子，孩子可以在父母的保护下积累经验。因此，哺乳动物可以在父母的保护下充分利用它们的经验，高度开发智力。没有父母保护的昆虫无法积累经验，自然也无法开发智力。

作为父母，哺乳动物的使命不仅仅是保护孩子，还要让孩子在安全的环境中积累经验。

为什么小猎豹必须玩耍？

就连最基础的生存技能，
都离不开母亲的教导。

◆ 对孩子来说，"玩耍"是什么？

在父母的保护下，孩子能获得怎样的体验呢？

哺乳动物的幼崽拥有在有限的环境中有效积累经验的工具——"玩耍"。

哺乳动物在幼年时期经常玩耍。小狐狸、小狮子等食肉动物喜欢追逐小动物，或者和兄弟姐妹嬉戏、打闹。

它们的玩耍正是为日后捕猎、战斗、交配进行的练习。也就是说，它们一边玩耍，一边在成功和失败的经历中学习如何捕捉猎物、如何与同伴相处。

而且，在安全的环境中学习面对危险是很重要的。

在父母的保护下，幼崽可以远离危险，即使失败了，也不会危及性命。可它们一旦独立，就会独自面对危机四伏的环境。所以，它们必须在安全的环境中学习分辨安全与危险。

◆ 哺乳动物的教养之道

很多动物的生存技能中融入了它们的本能。

例如，刚孵化的小鱼能在没有任何人帮助的情况下寻找食物，蜘蛛生来就会织精巧的网，成年的蝉不需要谁教就会大声鸣叫。

但是，哺乳动物和它们不同，就连最基础的生存技能都离不开父母的教导。

这就是"智力"的策略。

食肉动物会在幼年时期练习捕猎。

猎豹是陆地上速度最快的"猎手"，能以100千米/时的速度奔跑。但和狮子相比，它们的力量较弱，捕猎时更需要技巧。因此，猎豹父母会精心教导小猎豹如何捕猎。

小猎豹会和兄弟姐妹一同玩耍。对哺乳动物来说，玩耍就是学习。

猎豹妈妈会把小猎豹将来的猎物——食草动物的幼崽——带给小猎豹。但是，小猎豹并不知道那是猎物。令人惊讶的是，有些小猎豹甚至想和食草动物一起玩耍。

但是，不久，它们就知道了那是猎物，并且学会了追逐猎物、捕获猎物的技巧。为了生存，食肉动物必须猎杀食草动物。就连这种最基础的生存技能，都离不开母亲的教导。

水獭似乎天生不会游泳

哺乳动物选择使用"改变教导方法"这个策略。

◆ 学习成为父母

水獭可以在水中快速游动，捕捉鱼类。为了捕鱼，它们必须拥有比鱼类更强的游泳技术。水獭是优秀的游泳健将，但它们的游泳技术并不是天生的。如果没有母亲的教导，它们根本无法在水中自在地游动。

水獭妈妈会将小水獭拖到水里，强迫它们潜水，然后叼着小水獭，陪它们一起游泳。水獭妈妈就是用这种方法教会小水獭游泳的。

虽然被迫学习游泳的小水獭看起来很可怜，但不会游泳和捕鱼的话，它们根本无法生存。所以，水獭妈妈会拼命教导小水獭。

那么，水獭妈妈是如何学会这种"游泳教学法"的？这是一种本能吗？

恐怕并不是本能。

水獭妈妈在幼年时期也一样被母亲教导过。那时，它们看着母亲的行为，学会了教导方法。长大后，它们也用同样的方法教导自己的孩子。父母就是在孩提时期学会教导方法的。

在动物园里被人类饲养的动物要么不能很好地抚养孩子，要么会彻底放弃抚养孩子。如今，为了促进动物繁殖、增加动物数量，动物园的饲养员会尽量让动物幼崽和父母生活在一起，或者由饲养员帮助动物父母养育幼崽。

对哺乳动物来说，练习成为父母是很有必要的。

◆ 教导方法没有标准答案

我们来复习一下吧。

哺乳动物想掌握最基础的生存技能——捕猎——必须通过后天学习。而且,教导孩子的技能也是在学习过程中学会的。

如果父母没有接受适当的教导,就无法教导它们的孩子。孩子也必须接受适当的教导,才能生存下去。

这是多么危险的机制啊!哺乳动物是如何靠这么危险的机制延续生命的?

这正是哺乳动物高度发达的"智力"策略。

本能是一种程序化的生存技能。即使没有得到任何指导,只要跟随本能,刚出生的小生命也能生存下去。本能是一个了不起的系统。

但本能也有缺陷——无法应对环境变化。无论环境如何变化,生物都会跟随本能设定的"程序"行事。要适应环境变化,需要非常漫长的进化时间来改写本能设定的"程序"。如果无法改变,生物可能会因为过时的"程序"而灭亡。

而智力是一种能够自己判断情况的能力，即使环境发生变化，也可以顺应变化，做出改变。不过，智力也有缺陷——只有通过学习获取大量信息，智力才能发挥作用。

　　无论是本能还是智力，都有其优缺点。在这两者中，哺乳动物选择了进化智力。

　　当然，哺乳动物也有本能。例如，刚出生的婴儿不用别人教也会喝奶；到了交配的季节，雌性和雄性会互相吸引。即使环境发生改变，有些行为也是不会变的。这就是本能设定的"程序"。

　　那么，为什么哺乳动物的生存技能依赖智力呢？

◆ 生存技能会发生改变

比狮子体形小的猎豹以汤氏瞪羚、高角羚等体形较小的食草动物为食。但猎豹的捕猎对象并非一成不变。如果环境发生变化，汤氏瞪羚和高角羚可能就不存在了。那时，也许猎豹必须去抓小老鼠或挑战更大的猎物。所以，捕猎这个生存技能并不是本能设定好的"程序"。

水獭又是怎样的呢？

在不同的环境中，水獭有不同的游泳方式。水獭可能生活在水流湍急的地方，也可能生活在水深较浅的地方。不同环境中生存的鱼类不同，为了捕获不同的鱼类，所需的游泳方式也不同。哺乳动物的进化方式就是用本能应对不变的事情，用智力应对变化的事情。

哺乳动物也会用智力来抚养后代。

觉得孩子很可爱、想要保护孩子的想法来自本能。但是，抚养孩子的方法并未被本能设定。这是因为父母应该教给孩子的生存技能是随着时代和环境的变化而变化的。此外，对不同的孩子应该采取不同的教导方法。

智力常常伴随判断错误或失败的风险。

因此，哺乳动物选择使用"改变教导方法"这个策略。

这是什么?

人类能够理解无法被符号化的信息。

◆ AI 学不会的事

AI可以通过获取大量信息、积累经验来进行"深度学习"。

在围棋和将棋领域，AI能以人类难以企及的速度重复棋局，获得人类无法获得的信息。现在，AI已经成为连围棋高手和将棋高手也无法匹敌的强者。

但是，人类的大脑拥有AI不具备的学习功能。这就是"符号接地问题"。

最初，人们用斑马的例子来解释符号接地问题。例如，我们可以将斑马定义为身上长着条纹的马。对人类来说，只要看过这个解释，即使从未见过斑马，也能在第一次看到斑马时推测出这就是斑马。

但是，对AI来说，"身上长着条纹的马"这个信息只是一些文字。换句话说，仅仅是一串符号。人类必须再用文字给AI解释什么是"马"。

那么我们该如何定义"马"呢？

马似乎可以被定义为"长了四条腿、有蹄子的动物"。但这样一来，AI就无法区分马和绵羊、长颈鹿等其他动物了。如果不能给AI输入符号化的信息，AI就无法学习。

◆ 理解需要五感配合

目前，人们已经通过图像识别技术解决了上面提到的"斑马识别问题"。

现在，可以将图像作为信息传递给AI，AI可以通过深度学习大量马的图像和条纹的图像来理解这两个概念，进而理解斑马的概念。也就是说，AI获得了能够识别图像信息的"眼睛"，解决了"斑马识别问题"。

现在，人们在网上进行身份验证时可能会遇到多种验证方式。例如，不仅需要输入密码，还需要回答"你是人类吗"之类的问题。有时，系统甚至要求我们"从以下图片中选出所有包含马的图片"。这可能难不倒对"马"进行过深度学习的AI，但一般的AI很难识别这种不能符号化的信息。

人类能够理解无法被符号化的信息。

人类进行符号化的工具就是眼睛。准确地说，应该是五感。五感是指用眼睛看的视觉、用耳朵听的听觉、用鼻子闻的嗅觉、用舌头品尝的味觉以及用皮肤感受的触觉。

AI好不容易才拥有了能够识别图像的"眼睛"，但"符号接地问题"仍是AI面临的障碍。AI很难如人类一样拥有五感。

机器的传感器能够精确测出含盐量或含糖量，却无法测出"美味度"；能够精确测出温度和湿度，却无法理解"微寒"是什么感觉。

人类五感的优势就体现在这些地方。

◆ 通过体验去认知

即使我们闭上眼，看不到马的样子，也可以通过马的叫声认出来。如果我们蒙上眼睛，用手去摸马、绵羊和长颈鹿形状的玩具模型，也能通过触觉分辨出哪个是马。

这就是人类的能力。

不过，这是因为我们比较了解马。

假如我们听到的是熊猫的叫声，可能会认不出来，因为我们不知道熊猫的叫声是什么样的。如果我们蒙上眼睛去摸一种叫作怪诞虫的古生物的模型，我们也认不出来，因为我们可能根本不认识怪诞虫。

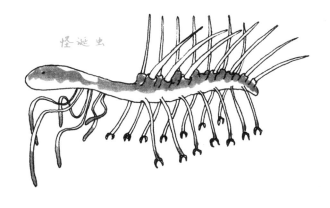

怪诞虫

在我居住的静冈市，有一个叫作"mirui"的方言词语。这个词的意思是"柔"，但并不是形容棉花或面包那样的"柔软"，而是植物新芽般的"柔嫩"。

"mirui"也有"像新芽般年轻"的意思，不是那种朝气蓬勃的年轻，而是与成熟相对的年轻。所以，这个词有一定的贬义色彩。

但与词义相近的"青涩"相比，"mirui"在语感上似乎有微妙的差别。总之，"mirui"就是"mirui"。

在你的家乡，是不是也有这种无法用标准语言描述的方言词语呢？

我无法以符号的形式——标准日语——解释"mirui"微妙的词义，需要经历许多体验，才能真正理解什么是"mirui"。

两亿年前没有语文和数学

最基本的信息只能从大自然中获得。

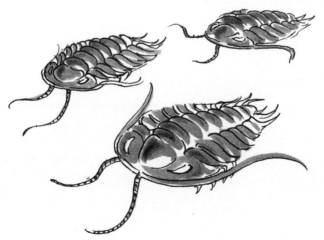

◆ 智力所需的经验

动物的本能是大自然的安排。

例如，前面提到蜻蜓会将塑料薄膜错认成水面，在上面产卵。在没有塑料薄膜的时代，它们根本不必担心会犯这样的错误。

刚破壳的雏鸟会把看到的第一个会动的物体当作父母，哪怕只是一个由电池驱动的玩具，雏鸟也会将它认作自己的父母。在没有玩具的自然界，第一个在雏鸟面前移动的一定是它们的父母，肯定不会出错。

动物的本能是以自然环境为基础运行的，它们还无法适应现代的人造物品。

智力发达的哺乳动物能够分清塑料薄膜和水面，也能够分清玩具和父母。它们能认出人类制造的塑料薄膜和玩具。

智力是通过积累经验而发展的。

但是，正如电脑和智能手机需要进行初始设置一样，对动物的智力来说，什么样的经验能起到初始设置的作用呢？

◆ 对智力来说必不可少的东西

　　最初，电脑只是一个盒子。在电脑里安装 Windows 之类的系统，进行初始设置，就能为联网和发送电子邮件提供条件。如果安装了打字软件，就可以用电脑打字。如果安装了计算软件，就可以用电脑计算数据。如果安装了绘图软件，就可以用电脑绘图。这样一来，电脑才具备了电脑的功能。

　　智能手机最初也只是一个盒子。通过初始设置，我们可以用手机打电话、发邮件。在手机上安装各种应用程序，就可以使用各种功能。这样一来，智能手机才具备了智能手机的功能。

　　人类的大脑最初也只是一个盒子。那么，为了让大脑具备该有的功能，第一步需要做什么呢？

　　肯定不是学习语文或数学。

　　人类不管看起来多么伟大，也只是动物中的一员。从两亿年前开始，哺乳动物就没发生过什么大的变化。

　　两亿年前，哺乳动物获得的智力是生命为了生存而创造的系统。为了使生存必备的智力顺利运行，哺乳动物只能从大自然中获得最基本的信息。观看、聆听、触摸大自然中的东西并运用五感从大自然中获取信息是最重要的过程。

语文、数学等知识只是人类生活中必要的知识。AI比人类更擅长处理这种符号化的信息。

人类的大脑能理解AI无法理解的"感觉"。而激活感觉功能的"初始设置",就是用感官去接触自然环境。

◆ 没有记忆的体验也有价值

孩子在成长过程中会经历很多。

有些经历会成为他们一生的回忆，有些经历会被忘得一干二净。对父母来说，有些精心为孩子做的事成了他们终生难忘的回忆，孩子却没有任何记忆。这让父母很失望。

其实，孩子不记得也没关系。因为孩子体验事物并不是为了让它们成为回忆。

随着经历的积累，孩子的智力会得到提升。不必保证孩子所有的经历都是快乐的。痛苦的记忆、悲伤的记忆、孤独的记忆、苦闷的记忆都会增强大脑功能。

我们为植物浇水、施肥，使其枝繁叶茂、开花结果。我们吃的食物会让身体更健壮。同样地，一次次经历看似消失了，但这些经历的积累帮助孩子提升了智力。

◆ 充分利用智力的哺乳动物父母

哺乳动物会抚养后代。那些同样会抚养后代的鸟类是怎样的？

鸟是拥有智力的动物，它们会筑巢、孵蛋、抚养雏鸟。

例如，大家都知道乌鸦的智商很高。有些乌鸦记得哪天收什么垃圾（在日本，不同的日期回收不同的垃圾），会聚集在垃圾场周围。有些乌鸦还会将坚硬的橡子放在马路上，等橡子被汽车轧碎，再去享受美食。这并不是它们与生俱来的本能，而是通过经验和学习逐渐掌握的技能。

但是，与哺乳动物相比，鸟类在很大程度上依赖本能。

例如，鸡和鸭会把刚破壳时看到的第一个会动的东西当作自己的父母，并跟在它后面。这是一种出于本能的行为。候鸟能在迁徙的路程中不迷路，也是出于本能。

哺乳动物则不同。食肉动物会教导孩子如何捕猎。如果没有水獭妈妈的教导，小水獭就不会游泳。比起这些动物，鸟类生来就会捕食，长大后也会主动飞离鸟巢。

为什么与哺乳动物相比，鸟类更多地依靠本能行动呢？

虽然鸟类是会抚养后代的生物，但在抚养孩子的过程中，它们竭尽全力为孩子寻找食物，根本没有精力教孩子各种技能。也就是说，它们无法充分利用智力，只能依靠本能。

哺乳动物会用母乳哺育孩子。母乳喂养是哺乳动物在进化过程中发展出来的具有划时代意义的机制。有了这个机制，哺乳动物不必四处寻找食物就能喂养孩子。它们可以利用这些多出来的时间让孩子玩耍，教会孩子许多事情。

为了充分发挥智力的作用，父母必须保护孩子，并让孩子在父母的保护下积累经验。通过这种抚养方式，哺乳动物就能充分利用智力。

河马张大嘴巴的原因

教会哺乳动物规则的是它们的父亲。

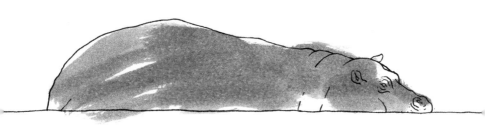

◆ 对孩子来说，父母是什么？

对孩子来说，父母是怎样的存在呢？

孩子究竟是如何看待父母的？

日本的词典上对"父母"这个词的解释是"有孩子的人或其他动物"。虽然词典上是这么说的，但是从孩子的角度来看，父母是什么呢？

对鸟类来说，这是非常简单的问题。鸟类的父母就是它们破壳后见到的第一个会动的东西。雏鸟的大脑中有这样的"认亲程序"。

通常，鸟类的父母会亲自孵蛋，所以这种"认亲程序"非常简单，也非常有效。

在自然界，这些本能的"程序"不会出错。但本能的缺陷是无法应对意料之外的事情。有人做过一个实验，把会动的玩具拿给刚出生的雏鸟看，结果雏鸟真的把玩具当成了父母，跟在玩具后面。大自然中没有会动的玩具，所以对雏鸟来说，认定父母就是这么简单。

对哺乳动物来说，父母是什么呢？

刚出生的孩子不知道父母是什么，但因为哺乳动物会抚养孩子，所以对孩子来说，抚养自己的就是父母。

动物园里的饲养员有时会代替动物父母给幼崽喂奶或者喂食。这样长大的动物可能会把饲养员当作自己的父母。但是，这种认知并不会影响它们的生存。对动物来说，能保护自己、抚养自己的就是父母，不管他是什么生物。

◆ "智力"带来的东西

很多生物都是通过高度发达的本能获得生存技能的。

但是，哺乳动物通过抚养后代掌握了运用智力的方法。"本能"只是保证生物最低限度生存的"程序"，而"智力"可以使"程序"升级以应对各种环境变化，甚至升级为完全不同的新形式。

哺乳动物的世界存在一种只靠本能生存的生物没有的高级"程序"——规则。

例如，公河马会张大嘴巴，和其他公河马比较嘴巴的大小。并不是说嘴巴张得比较小代表力量弱。实际上，河马可以进行力量较量，它们之间并不是没有发生过激烈的争斗。只是因为在河马的世界，"嘴张得大的河马是赢家"是规则。如果打破这条规则，进行一场力量较量，整个河马家族的所有公河马都会伤痕累累，河马家族的力量也会被削弱。如果某个河马家族的所有公河马都热衷于与同伴互相伤害，它们很容易被其他食肉动物袭击，也容易被其他河马家族抢走地盘。

嘴巴张得大的河马真的更强壮吗？谁也不知道这个特性在自然界是不是真的很重要。但是，为了避免无谓的争斗，河马制定了"用嘴巴的大小决定胜负"这个高度发达的规则。

　　驼鹿是世界上体形最大的鹿，它们长着一对巨大的鹿角。众所周知，鹿以鹿角为武器进行战斗，但驼鹿那对巨大的鹿角其实对驼鹿的行动来说并不方便。

　　实际上，驼鹿是以鹿角的大小来分胜负的。只要头上的鹿角够大，它自然就是赢家。如果两只驼鹿的鹿角一样大，它们也会用角互相顶撞，不过并不会认真地战斗。

　　公狼或公狮子之间有时也会爆发激烈的战斗，但很少有致死的行为。只要其中一方投降或逃跑，战斗就结束了。

　　这些都是生物为了生存而制定的高级规则。

◆ 父亲的存在

制定以非战斗的方式决定胜负这样的高级规则正是智力的拿手好戏。

但是，动物平时很难经历让它们体会到"激烈的战斗可能会导致死亡""如果大家互相斗争，家族可能会灭亡"等道理的危险情况。所以，父母必须将这些道理教给孩子。

对哺乳动物来说，教会孩子规则的正是父亲。

雌性哺乳动物的重要职责是保护好体内的孩子以及用乳汁喂养孩子。而雄性哺乳动物的职责是教会孩子规则。

许多雄性哺乳动物不会参与抚养后代的过程。但是，对需要规则的群居动物来说，雄性的作用非常重要。

大猩猩的首领似乎是"奶爸"

哺乳动物的抚养方法依赖智力，而不是本能。

◆ 大猩猩的抚养方式

来看看与人类相似的大猩猩的例子吧。众所周知，雄性大猩猩会负责抚养后代。

在大猩猩的世界，雄性的大猩猩首领会率领一批雌性大猩猩组建家族。虽然雄性大猩猩会抚养后代，但照顾大猩猩幼崽仍是雌性大猩猩的任务。大猩猩幼崽体形较小，刚出生的时候体重还不到两千克。大猩猩幼崽很受宠爱，三岁前都可以留在妈妈身边吃奶。大猩猩幼崽会一直被妈妈抱在怀里，享受妈妈的疼爱。

但是，到了断奶的年纪，就是大猩猩爸爸该出场的时候了。大猩猩妈妈会把大猩猩幼崽送到大猩猩爸爸身边。

一个大猩猩家族往往有多只雌性大猩猩，它们都会把幼崽送到大猩猩爸爸身边。幼崽们跟在大猩猩爸爸后面，十分吵闹，就像在上幼儿园。在这所"大猩猩幼儿园"里，幼崽们可以一起玩耍。

大猩猩爸爸并不会亲自照顾幼崽们，只会在一旁守护嬉闹的幼崽们。如果幼崽们开始打架，它就会介入其中，进行调解。

大猩猩爸爸的调解很公平。它会保护年纪小的幼崽，也会保护被攻击的幼崽。通过这种方式，它教会了幼崽大猩猩群体的规则和社会性。

围绕在大猩猩爸爸身边的幼崽都是它的亲生孩子，所以它不会偏心。大猩猩妈妈则不同，它们更喜欢自己生下的孩子，所以会偏袒自己的孩子。

偏心的大猩猩无法管理家族，所以需要大猩猩爸爸出马，将社会规则教给幼崽们。

再长大一些后，幼崽会往返于父亲和母亲之间，就像一个游走于"宠爱"和"自立"之间的青春期的孩子。

这时，幼崽会离开母亲的床，开始睡在父亲的床上。之后，幼崽会在父亲的床附近建造自己的床。建造属于自己的床是大猩猩独立的标志。

大猩猩需要十到十五年的时间才能成年，在哺乳动物中也算所需时间较长的种类。可以花如此长的时间慢慢抚养孩子，足以证明大猩猩有能力保护自己的孩子。

此外，大猩猩成长缓慢也是因为成长过程中需要学习的东西很多。

◆ 凭借经验成为父母

动物园中被人类养大的大猩猩不会抚养后代。

大猩猩抚养孩子的过程是很复杂的。接受过父母教导的大猩猩长大后才会抚养后代。只有被父母教导过的大猩猩，才是真正的大猩猩。

被父母抚养的大猩猩幼崽会渐渐明白"父母"是什么。同时，父母通过抚养幼崽学会如何做父母。

对大猩猩来说，抚养幼崽是一种经验，也是需要利用智力来学习的行为。

鸟类抚养后代依靠本能，它们生来就会拾取树枝搭建鸟巢、孵蛋、收集食物喂养雏鸟。

与鸟类相比，哺乳动物更依赖智力。但是，如果哺乳动物不利用智力进行学习，连抚养后代都做不到。

◆ 学习就是模仿

玩耍是孩子的天性。孩子生来就喜欢玩耍。

孩子最喜欢玩模仿成年人的"过家家"游戏。有些孩子喜欢扮演妈妈，有些孩子喜欢扮演列车员，有些孩子喜欢模仿成年人打电话或开车。

其实，"过家家"不是只有人类会坑的游戏。

一些母猴子长大后会对小猴子感兴趣，想抱抱它们。有这种经历的母猴子之后能笨拙地抚养自己的孩子，没有这种经历的母猴子不会抚养孩子。动物园里的猴子就属于后者。

"过家家"游戏其实就是一种模仿练习。

哺乳动物幼崽会模仿成年哺乳动物。就连抚养孩子这个重要技能都是通过模仿游戏学会的。

在人类群体中，年轻女性往往更受欢迎。但在黑猩猩群体中，年长的雌性更受欢迎。这是因为年轻的雌性黑猩猩没有抚养后代的经验，而年长的雌性黑猩猩更擅长抚养后代。

许多生物靠本能抚养后代。人类对孩子的爱可能也有一部分出自本能。但是，哺乳动物的抚养方法依赖智力，而不是本能。

正如哺乳动物幼崽靠经验和学习掌握生存技能那样，父母也需要通过经验和学习掌握抚养孩子的方法。

第 **3** 章

什么是“普通”？

你见过苍耳果实
内部的样子吗?

苍耳的果实拥有两种

性状不同的种子。

◆ 快速成长和缓慢成长

大家知道苍耳这种植物吗？

苍耳的果实长满了钩状的硬刺，特别容易钩在衣服上。很多人可能知道苍耳，但是恐怕很少有人见过苍耳果实内部的样子。

苍耳的果实有两种不同的种子，一种比较长，一种比较短。这两种种子的性状不同。较长的种子发芽很快，较短的种子发芽需要的时间比较长。

那么哪种种子更好呢？

我们也无从得知。

是发芽很快的种子更好吗？我们都听过"事不宜迟"和"先发制人"这两个成语，或许比别的植物发芽更快是有利的。但也有一个成语叫作"欲速则不达"。格言还教导我们"走得慢的人走得更远"。

有时，种子很快便发芽了，但周围的环境还没准备好。这时，即使长出了嫩芽，也会被人类当作杂草割掉。

发芽快有好处，发芽慢也有好处，所以苍耳为自己准备了两种发芽速度不同的种子。

　　苍耳赋予自己的种子"个性"。这就是它的生存策略。

◆ "个性"策略

有的孩子成长很快，有的孩子成长缓慢。

有的孩子比较壮实，有的孩子比较瘦弱。

有的孩子做事麻利，有的孩子做事拖拉。

有的孩子记忆力好，有的孩子记忆力差。

到底哪种情况更好呢？

苍耳给出了它的答案——无法确定。

如果无法确定，两种都有会更好。

自然界的生物通常具有各不相同的特性。

苍耳有时发芽很快，有时发芽很慢，情况各异。这就是我们总是无法完全清除苍耳的原因。

什么时候发芽比较好？这个问题没有标准答案。对于没有标准答案的问题，生物选择用"多样性"来作答。

蒲公英的叶子形状多样，有边缘呈尖锐的锯齿状的叶子，也有边缘没那么尖锐的叶子。为什么它的叶子形状各不相同呢？

没有答案。

但是，它长成这样一定有什么原因。也许是因为边缘没那么尖锐的叶子能照到更多阳光，而边缘呈尖锐的锯齿状的叶子更容易让水流下去。

虽然我们不知道原因，但是叶子的形状如此具有个性，一定有它的原因。

不过，虽然蒲公英的叶子形状各异，但花的颜色是统一的——所有的蒲公英花都是黄色的。这又是为什么呢？

原来，牛虻等昆虫具有易被黄色花朵吸引的特性，为了吸引这些昆虫，蒲公英开出黄色的花。

对蒲公英来说，花的颜色是有"标准答案"的，在这个问题上没有分歧。只有在那些不知道哪个更好的没有标准答案的问题上才会出现分歧。

◆ 手指的数量是统一的

人有五根手指，分别是拇指、食指、中指、无名指和小指。无论是大人还是孩子，都是一样的。刚出生的婴儿也有五根手指，所有人都是一样的。手指的数量不会随着成长而增加。对人类来说，五根手指是最方便的，所以手指的数量是固定的。

所有人都有两只眼睛。眼睛的数量不会随着成长而增加，我们也并不会觉得长三只眼睛的人更优秀。

但是，每个人的长相都不一样，手指的粗细、长短也各不相同。有人身材高大，有人身材矮小。有些情况下身材高大更有利，但有时身材矮小反而更好。与所有成员都身材高大的集体相比，显然还是成员高矮各异的集体能做的事情更多，所以人类的体形各不相同。

生物要用很长时间才能完成进化，人类也是一样的。

经过漫长的时间，人类进化成了最适宜生存的形态。正是因为这个原因，我们的手指数量为固定的五根。但在体形上，人类选择了向不同的方向进化。

这种差异化是生物在进化中得到的结果。

大脑并不擅长处理庞杂的信息

本质上，我们的大脑不擅长
处理庞杂的信息。

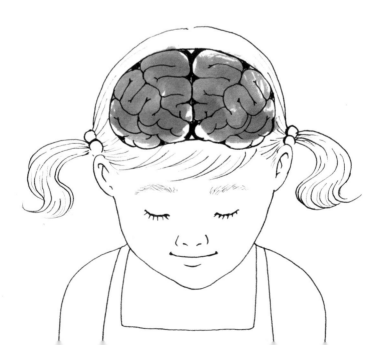

◆ 不允许差异存在

每个人的成长历程各不相同。

有人成长得很快，有人成长得很缓慢；有人能在成长中获得巨大的发展，有人却不行。

这种不同正是"生物的策略"。但是，人类大脑不允许这些差异存在。毕竟，人类大脑不擅长处理复杂的信息。

有一个法则叫作"魔法数字7法则（米勒法则）"。该法则认为，人类一次只能记住7个左右的信息。

这是真的吗？

请在30秒内记住下一页图片中的物体。

现在，请观察右页的图片。与本页的图片相比，少了什么东西呢?

答案是达摩娃娃。10个物体是不是很难记住呢?

再看看下面这幅图吧。

虽然这幅图上有7个以上的物品，但你可能全都记住了。因为这幅图上的图形能够组成故事《桃太郎》。将信息联系起来再进行整理，就可以记住7个以上的信息。

◆ 不擅长处理庞杂的信息

记住图片可能有点难。下面来试试数字吧。

请在5秒内记住下面的数字。

3

4

7

怎么样？是不是太简单了？

那么，你能在5秒内记住下面的数字吗？

5

1

8

2

9

这一组也很简单，对吧？

再看看下面的数字，能在5秒内记住吗？

2   6

4

3

3

5

1   9

怎么样？

前两组数字很容易记住吧。第三组数字是不是比较难呢？

请问，第三组一共有多少个数字？

一共有8个数字。

只有8个而已。

人类是能够发明计算机的伟大生物。人类优秀的大脑可以理解百、万、亿级别的数字，但实际上连处理两只手数得过来的数字都很费力。

从本质上来说，人类大脑并不擅长处理庞杂的信息。

◆ 理解庞杂信息的方法

在前面的例子中，如果给定的信息是词汇，可以联系在一起，组成故事《桃太郎》，大脑就可以理解所有的信息。

换成数字会怎么样？

例如，你能记住下面这组数字吗？

6 2 4 3 5 1 9 3

将这些不同的数字排成一排，是不是好记很多？

接下来，再看看下面这组数字。

1 2 3 3 4 5 6 9

这次将所有数字按照从小到大的顺序排列。

我们会发现，在这组数字中，数字3出现了两次，缺少数字1~9中的7和8。

　　用这种方式对数据进行排序、整理，大脑就能理解庞杂的信息。

　　人类的大脑喜欢将数据按顺序排列。

　　给考试成绩排名不也是这个道理吗？

大象和长颈鹿谁的体形更大？

很遗憾，人类社会并不欣赏差异。

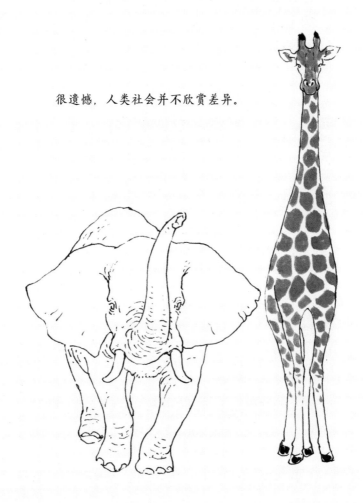

◆ 方便的概念

不同生物的体形差异很大。

如果要比较生物 A 和生物 B 的体形，可以假设生物 A 和生物 B 各有 5 个个体，分别量它们的体重。

生物 A 的 5 个个体的体重分别是 3 千克、8 千克、2 千克、4 千克、2 千克。

生物 B 的 5 个个体的体重分别是 5 千克、4 千克、3 千克、4 千克、5 千克。

到底哪种生物体形更大呢？

答案好像并不明确。这时，为了让大脑能够更好地理解，人类创造了"平均值"这个概念。

经过计算，我们可以得知生物 A 的平均体重是 3.8 千克，生物 B 的平均体重是 4.2 千克。根据这两个平均值，我们可以得知生物 B 的体形更大。

有了平均值这个概念，就能够比较生物 A 和生物 B 的体形。

但是，真的是生物 B 的体形比较大吗？虽然从平均值来看确实如此，但是生物A中存在体重较重的个体，生物B中存在体重较轻的个体。

假设生物A是小型犬，生物B是猫。用体重来比较猫和狗的体形，真的合理吗？说到底，比较猫和狗的体形有什么意义呢？

平均值这个概念虽然方便，但并不是任何情况都适用。

◆ 没有"标准"就无从得知

请看右页的图片，上面有许多动物。

其中最大的动物是什么？是大象吧。

那长颈鹿呢？它看起来比大象更高。

你能将这些动物按照体形从大到小的顺序排列吗？

犀牛、河马、水牛、大猩猩究竟谁的体形更大？

说到底，"体形大"究竟是什么意思？是指身高更高吗？还是指体重更重？

高度、长度、重量都只是标准。我们只能用一种标准来比较事物。

此外，在这些动物中，谁最强呢？

是老虎，是狮子，还是大猩猩？

老虎、狮子和大猩猩生活在不同的地方，它们之间不会发生战斗。即使在某个地方相遇，动物也会尽量避免无谓的争斗，不会打起来。

说到底，"强"是什么意思呢？我们都知道，耐旱力最强的是骆驼，耐寒力最强的是北极熊。

这些动物中谁是最聪明的？

是大猩猩吗？还是海豚？

该怎么比较大猩猩和海豚谁更聪明？

这种比较有意义吗？

我们无法知道动物之间谁的体形更大、谁更强、谁更聪明，探究这些问题也没有意义。但人类就是喜欢比较，还创造出一系列比较标准。

这就是人类大脑的习惯。

◆ 讨厌差异

　　人类大脑需要通过整理信息来理解复杂的事物，所以我们用平均值这个概念来进行比较。

　　但是，人类大脑的问题在于认为平均值这个概念是绝对正确的。

　　实际上，生物是多种多样的，这种差异性正是生物的价值所在。

　　不擅长处理庞杂信息的人类大脑对此很困惑，极力想用平均值这一概念消除差异。

　　例如，人类种植的蔬菜同时发芽、同时结果才方便收获，大小一样才方便装箱售卖。所以，人类想尽办法让蔬菜的特性保持一致。

　　人类也是一种生物，和自然界中的其他生物一样存在差异。这些差异并不代表优劣，正是差异带来了价值。

　　遗憾的是，人类社会并不欣赏差异。

　　更可悲的是，人类就像种植蔬菜一样，试图将自己推入一个标准统一、整齐划一的社会。

普通的狗是什么样的？

人类使用平均值和偏差值这两个概念
只是因为方便理解。

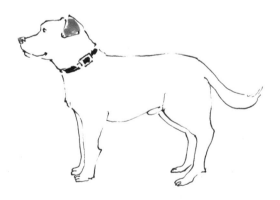

◆ "普通"的事物并不存在

创造出平均值这个方便的概念的人类有一个非常喜欢的词语——"普通"。

"普通"是什么样的呢?

"普通的狗"是什么样的狗?

"普通的花"是什么样的花?

"普通的树"有多高?

"普通的长相"是什么样的长相?

自然界充满了多样性,差异随处可见。

人类用"普通"来形容那些与平均值接近的事物。"普通"这个词语会给喜爱平均值的大脑带来难以言喻的舒适感。

自然界中并不存在"普通"的事物。"普通"只是一个虚幻的概念。既然"普通"是一个不存在的概念,那么"不普通"也就同样不存在。

有一个词叫作"普通人",那是什么样的人呢?还有一个词叫作"不普通",那是什么意思呢?

自然界的每个生物都是不同的。不存在"平均"或者

"普通"。

　　对人类来说，每个人的长相都不同，每个人都是独一无二的存在。

　　不存在普通的人，也不存在不普通的人。

　　不管在什么地方，都无法找到"普通"的事物。

◆ 婴儿的困惑

发育曲线是表示婴儿发育程度的曲线。

发育曲线标示了平均值以及与平均值相近的区域。如果婴儿的发育程度在这个区域内，就会被认定是"普通"的婴儿。

发育曲线确实是有意义的，但我曾在抚养孩子的过程中被这个曲线耍得团团转，我很后悔。

当孩子的数据超出发育曲线给出的标准时，我觉得孩子比同龄人胖，于是开始限制孩子喝奶的量。当孩子的数据低

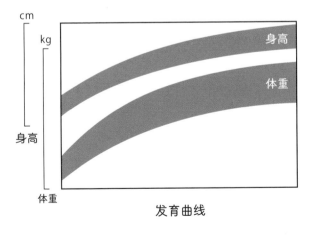

发育曲线

于发育曲线给出的标准时，我又担心孩子比同龄人发育得慢，给孩子喝更多奶。

　　一会儿让孩子多喝奶，一会儿让孩子少喝奶，孩子一定很困惑吧。

◆ "成长"总是被拿来比较

平均值这个概念对人类来说非常方便。

婴儿时期要跟发育曲线上的平均值进行比较，长大后也要在其他方面继续比较。

大人会用卷尺测量婴儿的身高，单位是厘米；用体重秤测量婴儿的体重，单位是千克。但光是这样还不够。为了比较孩子的成长，人类还创造了很多其他的单位和标准。

其中一个方便的概念就是"偏差值"（日本人对于学生智能、学力的一项计算公式值）。

假如A同学在学校的考试中考了80分，B同学考了70分，谁更优秀呢？

可能你会说考了80分的A同学更优秀。但事情并没有那么简单——A同学和B同学做的试卷不一样。也许A同学做的试卷更简单，B同学做的试卷更难。

这时，就轮到"平均值"发挥作用了。

如果A同学参加的考试平均分是85分，而B同学参加的考试平均分只有50分，这样看来，分数远高于平均分的B同学可能更优秀。

但是，如果平均分一样，该怎么办呢？

假设两位同学参加的考试平均分都是50分，我们就可以说考了80分的A同学更优秀吗？不一定。

这个问题中还存在一个重要的概念——极差。

例如，在A同学参加的考试中，有人考了100分，也有人考了0分。最高分和最低分相差很大。而在B同学参加的考试中，大多数学生只考了50分左右，B同学的分数是最高分。

这时，可以在考虑极差的基础上，用偏差值表示个体在总体中的位置。

但是，偏差值这个概念也有问题。有时即便考了100分，偏差值也不高。因为成绩刚好为平均值的人的偏差值为50。假如所有人都考了80分，那么所有人的偏差值都是50。假如有50个人参加考试，其中有49个人考了80分，只有B同学考了81分，会怎么样呢？ B同学的偏差值将高达120。但是，考了81分的B同学真的有那么优秀吗？

平均值和偏差值都取决于和他人的比较，它们都是人类为了方便理解而使用的概念。

还记得吗？

成长的多样性和能力的多样性正是生物的生存策略。

蒲公英让种子飞走的
真正原因

孩子成长的时代与父母
成长的时代不同。

◆ 离开亲本植株的蒲公英种子

蒲公英会在起风的时候让自己的种子随风而去。为什么要让种子飞走呢？

其中一个原因是为了扩大分布范围。

植物自身无法移动，但它们有两种扩大分布范围的方法。

一种是传播花粉。花粉可以靠风力传播，也可以依靠蜜蜂等昆虫授粉。借助外力，植物可以和其他植物进行交配，达到扩大分布范围的目的。

另一种是传播种子。想扩大分布范围，植物就要抓住传播种子的机会。所以，植物会用各种方法传播自己的种子。

蒲公英的种子靠风力传播。苍耳、鬼针草等植物的种子通过挂在人类的衣服上或动物的皮毛上进行传播。

植物们各有各的办法。但是，那些传播到远处的种子未必能顺利到达适合生长的土地。即便如此，植物们还是会想办法送自己的种子"远行"。为什么会这样呢？

其实，植物传播种子不仅仅是为了扩大分布范围，还有一个非常重要的原因——让新生植株远离亲本植株。

如果植物的种子落在亲本植株附近，那么对新生植株来说，最大的生存威胁就是亲本植株。

枝繁叶茂的亲本植株会形成阴影，好不容易长出来的新生植株无法吸收充足的光线。此外，土壤中的水分和养分也会被亲本植株抢走。

对新生植株来说，亲本植株会妨碍它们生长，所以植物会想尽办法让种子落在远离亲本植株的地方。

◆ 孩子们的时代

还有一个原因。

亲本植株在这片土地上获得了成功，结出了累累的果实，它们的孩子无法取得同样的成功。

种子和亲本植株成长的时代不同，环境发生了变化，情况也不一样，不可能复制亲本植株的成长历程。

原本适合某种植物生长的地方现在可能不适合了，而原本不适合某种植物生长的地方现在可能变得适合了。植物生存的环境总在变化，所以它们会让自己的种子去往新的土地。

种子们知道，新的时代已经来临，它们最好在新的地方长大。

◆ 蒲公英亲本植株能做到的事

　　植物看起来不能动，但实际上，它们会用自己的方式做一些"小动作"。

　　蒲公英的茎在开花时是笔直的，但花谢了之后，茎会倒下。目前，人类还不知道蒲公英为什么会这样做。

　　也许这是蒲公英在花谢以后、种子成熟之前保护种子不被风吹走、不被天敌伤害的办法。

　　蒲公英会让风带走自己的种子。对于这些即将飞走的种子，亲本植株什么也做不了。亲本植株只能踏实地孕育种子，让它们可以在遥远的土地上茁壮成长。

　　种子成熟后，蒲公英的茎会再次变得笔直，而且会伸得更高。这是为了让种子飞得更远。

　　在天空中高飞的种子落地后能够自己发芽、成长。蒲公英的亲本植株能为种子做的就是将自己的茎伸得高高的。

　　风带着蒲公英的种子踏上旅程，它们会去往亲本植株从未见过的土地。

狐狸父母突然翻脸的时候

狐狸妈妈会威胁并攻击幼崽。

◆ 狐狸的抚养方式

对生物来说，离开父母意味着什么？离开孩子又意味着什么呢？

食肉动物与父母分离的过程非常壮烈。下面以狐狸为例进行说明。

在各种民间故事里，狐狸总是以狡猾的形象出现。但实际上，狐狸是非常深情的动物，它们非常珍惜亲情。

狐狸是实行"一夫一妻制"的动物，公狐狸会和母狐狸一同抚养后代。

在生产之前，狐狸会挖一个很深的洞穴充当"产房"。母狐狸会待在洞穴里准备分娩，公狐狸会不停地为母狐狸送来食物。小狐狸出生后，公狐狸无法进入洞穴。人类曾看到公狐狸在洞穴旁焦躁不安的样子，不知道是不是想看自己的孩子，让人忍不住露出暖心的笑容。

生产结束后，公狐狸也会努力给母狐狸送食物。

狐狸以老鼠、兔子等动物为食。捕猎并不容易，即使在物产丰富的山上，也需要至少1平方千米的捕猎空间。在猎物稀少的区域，所需的捕猎空间甚至可能会达到50平方千米。为了家人，公狐狸每天都会在广阔的捕猎区内来回奔波，寻找食物。

此外，想抓住敏捷的老鼠和兔子也不容易，需要高超的捕猎技巧。

最基础的捕猎技能是跳跃。单凭追逐很难抓到老鼠和兔子，狐狸一般选择悄无声息地靠近，然后一跃而起，从上方攻击猎物。

它们还有一种被称为"诱捕"的特殊技能。发现猎物后，狐狸会在猎物无法逃脱的距离内假装很痛苦地滚来滚去。老鼠或兔子被狐狸奇怪的动作迷惑，会好奇得忘记逃跑。这时，狐狸会一边继续翻滚，一边慢慢地接近猎物，趁猎物不注意，突然发起攻击。有时，狐狸还会装死，趁猎物放松警惕，进行攻击。这些行为都需要非常精湛的演技。

猎捕水鸟这样的动物时，狐狸会将水草或杂草缠在身上，做好伪装，再慢慢靠近猎物。这种捕猎方式需要非常高的智商。

为了完成高难度的捕猎行为，需要高强度的学习。

所以，小狐狸出生三个月后，父母就会带它们去很远的地方，学习最重要的生存技能。

◆ 强迫幼崽离开的狐狸父母

教会孩子如何捕猎后，狐狸爸爸就不会再为小狐狸提供食物了。这是为了帮助小狐狸早日独立。

狐狸爸爸的这种做法听起来很无情，但它并不会对小狐狸不闻不问。有些狐狸爸爸会将猎物藏在某个地方，让小狐狸自己去找。这种看似严苛的教育方式背后却是沉甸甸的爱。

到了夏末时分，小狐狸就要和父母分别了。

小狐狸不可能一直待在父母身边。到了该独立的时候，狐狸父母会把小狐狸赶出去。

狐狸是非常疼爱幼崽的动物。对小狐狸来说，父母非常温柔，它们是在父母的宠爱中长大的。

但是，到了应该分别的时刻，狐狸父母会突然翻脸，对小狐狸非常严厉。

小狐狸很困惑，不知道发生了什么，会一次次尝试回到父母身边。父母却不允许小狐狸回来，它们会强硬地发出威慑的声音，赶走小狐狸。有时，狐狸妈妈甚至会对小狐狸发起攻击。

最后，小狐狸只能放弃，乖乖地离开父母。

这就是小狐狸独立的时刻。对狐狸父母来说，这是与幼崽分别的时刻。

为了这个重要时刻，狐狸父母教会了小狐狸必备的生存技能。不久，小狐狸也将拥有自己的地盘，拥有自己的孩子。

一切都是为了让孩子独立。这就是狐狸的育儿之道。

◆ 人类抚养孩子的时间有多长?

狐狸抚养幼崽的时间只有几个月。

其他动物也和狐狸一样,到了该分别的时候,孩子和父母就会分离。

对人类来说,父母与孩子什么时候分离呢?

人类抚养孩子的时间长得不可思议。

哺乳动物本就对孩子保护过度。尽管如此,在大多数情况下,哺乳动物抚养孩子的时间不超过一年,最长也就两三年。

鹿、马等食草动物出生后不久就能站起来走路,但婴儿站起来蹒跚学步至少需要一年。人类也不可能在5岁的时候就独当一面。

总之,婴儿长成大人需要很长时间。

人类抚养孩子时间长的原因

其实，"慢慢长大"是人类的策略。

◆ 开始直立行走

人类拥有很长的童年时期。这是有原因的。与其他动物相比，人类出生时非常不成熟。

人类用双腿直立行走。人类的祖先最初用四条腿行走，后来进化成用双腿行走的样子。这样一来，人类可以支撑自己的脑袋，也可以用空出来的两只手使用各种工具。

因为用双腿行走，人类才成了人类。但是，用双腿行走也带来了问题。

为了支撑体重，直立行走的人类的骨盆形状发生了变化，导致女性的产道变窄，这就是人类比其他生物生孩子更艰难的原因。

为了通过狭窄的产道，婴儿只能以弱小、不成熟的状态出生。所以，刚出生的婴儿非常脆弱，看不见东西，也不会走路。

◆ 缓慢成长的婴儿

如果没有父母的保护，婴儿什么也做不了。不过，人类父母拥有足够的能力保护婴儿。

就这样，人类开始抚养婴儿。

人类抚养孩子时间长的原因之一就是婴儿发育不够充分。当然，仅仅这一个原因并没有说服力。如果婴儿出生后发育不够充分，之后能快速成长不就好了吗？

大熊猫刚出生时仅有150克重。不仅体形小，发育也不充分。但是，它们会迅速成长，三岁后就可以独立，离开父母。

刚出生的袋鼠体重只有1克，仅有2厘米长，和一只大虫子差不多。不过，小袋鼠会在袋鼠妈妈的育儿袋里快速成长，一年内就能离开父母。

这些动物会通过缩短怀孕时间来减轻母体的负担，通过产下体形较小的幼崽来加快抚养进程。所以，孩子出生时发育不充分，也不一定需要很长时间才能长大。

那么，人类的孩子为什么成长得这么慢呢？

◆ 慢慢长大的人类

实际上，"慢慢长大"是人类的一种策略。

为了生存，哺乳动物进化出高度发达的智力。为了让智力得到发育，需要在抚养孩子的过程中让孩子学习，并且让孩子通过玩耍积累经验。

人类是哺乳动物中智力最发达的生物。

将智力当作"武器"的人类为了生存，必须学习大量知识。

例如，为了交流，必须学会语言；为了传递信息，必须记住文字。人类必须学会如何使用工具，也必须学会如何制作工具。如果人类成长的速度太快，可能还没学会足够的生存技能就要被迫独立生活。对人类来说，"慢慢长大"比"快速长大"更重要。

因此，人类特意进化出"慢慢长大"这个特性，不会很快长大成人。

"别太快长大，要慢慢成长"，这就是人类的生存策略。

为了将智力变成"武器"，教导孩子是必不可少的。但是，花很长时间教导一个成长缓慢的孩子是很困难的。于是，人类以"一夫一妻制"为基础，建立共同抚养孩子的"家庭"。接着，人类开始集体狩猎，集体抚养孩子，慢慢建立了能够培养孩子的"社会"。

尽管如此，人类抚养孩子的时间还是越来越长。

对如今的人类来说，孩子什么时候会离开父母呢？

人类父母将蹒跚学步的孩童抚养成大学毕业生大约需要20年。其他生物并不会抚养孩子这么久。

而且，有些孩子不管长到多大都一直由父母照顾，有些父母不管多年迈都会继续照顾孩子。

人类真是一种不可思议的生物。

对生物来说，什么是成熟？

生物不会为了自己牺牲后代。

◆ 大人的职责是什么?

前面已经介绍过,孩子的任务是"长大成人"。那么大人的职责是什么呢?

其实,大人的职责是"孕育孩子"。

从生物学角度来看,孩子活着就是为了长大成人,大人活着就是为了孕育孩子。之后,新生儿再以长大成人为目标。

你可能会想,难道我们活着就只是为了这些事吗?

是的,仅此而已。

对生物来说,就是这样的。这就是生物存在的意义。或许你会认为,仅仅这样的话,人生十分空虚。当然,我们是人类,可以在生活中寻找人生的意义,也可以思考生命的意义。

但是,从生物学角度来看,仅此而已。孩子活着就是为了长大成人,大人活着就是为了孕育孩子。

说得更直白一些,孩子生存的目的是成为"好的大人",大人生存的目的是生出"好的孩子"。

对高度进化的哺乳动物来说，生存的目的就是孕育孩子、保护孩子、抚养孩子。这就是生命的全部。

孩子为了长大成人而活着，大人为了孕育孩子而活着。之后，新生儿又为了成为大人而活着，长大后同样为孕育孩子而努力。生命就是这样的重复。

◆ 以接力的方式跑马拉松

孩子会长大成人，大人会孕育孩子……生命就是这样的重复。这种重复有什么意义呢？

你有没有跑过马拉松？

一个人跑完42.195千米是很困难的。好在马拉松有终点，加把劲儿总能跑完。

如果没有终点，让你一直跑下去，你能用尽全力跑吗？

如果路程只有1千米呢？是不是就能打起精神好好努力了？如果再短一些，只有10米呢？假如下一个跑步者在10米处等着你，你只需要跑10米，就可以将接力棒交给下一个跑步者，会怎么样？

如果路程只有10米，即便前方有重重难关，你是不是也能克服困难，将接力棒交给下一位跑步者呢？

这就是生命的接力。

人类不可能无病无灾地度过漫长岁月。人类的生命是有限的，在生命终结时，他们将生命的"接力棒"交到下一代手中。下一代同样会在生命终结时将接力棒交给他们的下一代。

生命就是通过这种"接力"延续的。

大人孕育孩子，孩子变成大人。人们在生命的跑道上奔跑着，交接着。现在，我们正握着"接力棒"，奔向未来。

生命的意义可能只是这样。

这样很无聊吗？这明明是非常伟大的事啊！生命本就足够伟大，如果能在生命的旅途中找到快乐和让自己心动的事，就更了不起了。

◆ 牺牲未来的生物

狐狸父母为了迫使小狐狸独立，会赶走自己的孩子。这是狐狸的爱。狐狸父母唯一的心愿就是小狐狸能够独当一面。

狐狸父母不会一直照顾小狐狸，小狐狸也不会赡养父母。独立后的小狐狸是独立的个体，结束抚养工作的狐狸父母也是独立的个体。它们的关系仅此而已。

不只狐狸，所有生物都是为了孩子而存在的。所有生物的父母都会为孩子付出一切。但是，孩子并不是为了父母而存在的。

人类是会照顾父母的"奇怪"生物。

当然，孝敬父母是一件值得赞颂的事。对养育自己的父母怀有感恩之心也是美好的品德。

但是，从生物学角度来看，为了父母而牺牲孩子的人生是不正确的。

父母会毫不吝啬地给予孩子自己所拥有的一切。但是孩子并不会回报父母。

这并不是因为孩子无情，而是因为孩子要回报的对象不是父母，而是他们的下一代。这就是生物的规则。生命就是以这种方式延续的。

父母通常将一生奉献给孩子。但是，生物不会为了父母牺牲自己，更不会为了自己牺牲后代。

如果有例外，就只有人类。

是奶奶推动了人类进化吗?

"一个老人的死亡，等于倾倒了一座博物馆。"

◆ 奶奶的诞生

对生物来说，父母的存在是为了"孕育孩子"。

很多生物的生命会在产下后代后走向终结。蝉产卵后不久就会筋疲力尽地掉到地上。鲑鱼艰辛地逆流而上，产卵后不久也会力竭而死。

会抚养后代的生物因为要抚养孩子，寿命会长一些。但是，抚养工作结束后，也会迎来死亡。

然而，人类即使不再生孩子了，生命也不会立即走到尽头。例如，很多人的爷爷奶奶已经不再生孩子了，但他们依然健在，还很长寿。

其实，拥有爷爷奶奶的生物很少。蝉没有奶奶，鲑鱼也没有爷爷。

生物中存在亲子关系，但很少会有三代同堂的情况。即使有些生物比较长寿，三代也不会一起生活。

长大的小狐狸离开父母后，也会成为父母，生下自己的孩子。已经长大的小狐狸和它们的父母都是平等的成年狐狸，不再存在亲子关系，自然也不存在祖孙关系。

不过，人类有爷爷奶奶。

可以说，正是因为拥有爷爷奶奶，人类社会才会有巨大的进步。

◆ 拯救艰难育儿的人类的"救世主"

在人类世界，爷爷奶奶承担着非常重要的职责。

人类抚养孩子比其他生物更困难，而且抚养孩子的时间非常长。因此，人类强化了家庭和社会的作用。

在家庭和社会参与育儿的基础上，爷爷奶奶起到了非常重要的作用。

人类女性到了一定的年龄就不能生育了。正因为无法生育，她们会更专注于抚养孩子。

如果生物无法孕育后代、将后代抚养成人，生命就无法延续。所以，将后代抚养长大对哺乳动物来说是一个非常重要的过程。

如果人类女性很长寿，当她们的孩子生下后代，她们就可以作为奶奶照顾后代。

奶奶就是这样承担抚养后代的责任的。那么爷爷的职责是什么呢?

如果不参与抚养后代的过程，爷爷就没有存在的价值。

但抚养孩子不仅仅指直接照顾孩子。爷爷的职责是保护家人、为家人寻找食物，这些也是非常重要的事。

人类通过强化家庭和社会的作用赋予爷爷奶奶使命。

◆ 名为"智慧"的馈赠

爷爷奶奶的使命不止这些。爷爷奶奶拥有丰富的人生经验，并且从这些经验中得到了智慧。

人类的寿命越来越长，完全来得及将自己多年来积累的智慧与技能传授给已经长大的孩子。人类就这样一代代地积累智慧、传递智慧。

在一代代的传承中，人类的智慧得以更新。通过这种传承机制，人类文化得到了飞速发展，最终建立了文明。"祖母假说"就是这样主张的："人类社会之所以能进化成一个高级社会，正是因为长寿的祖母。"

爷爷奶奶承担着抚养孩子的责任。

但是，对已经长大成人的孩子来说，爷爷奶奶的作用并不是照顾他们，而是传授智慧。

有个这样的说法："一个老人的死亡，等于倾倒了一座博物馆。"如果一个人还未将一生的智慧传授给后人就去世了，那将是人类的巨大损失。

对人类来说，老年人起着非常重要的作用——将智慧传授给后代。

　　传授智慧不需要拉着年轻人说教，只要给年轻人树立榜样，展现自己在漫长的人生中学会的生存方式就好。

第 **4** 章

成长的衡量方式

如何衡量植物的生长情况？

"植株高度"是从地面到植物
茎尖的垂直高度。
"植株长度"是从植物根部到
茎尖的实际长度。

◆ 守护牵牛花的成长

请想象一下，你种下了牵牛花的种子，每天都给它浇水。不久，牵牛花发芽了，并且越长越茁壮。

好不容易种一次牵牛花，于是你想记录一下它的成长。你可以每天画画或者拍照。

还有其他方法吗？

你可以每天用尺子测量它的高度。通过这种方式，你可以直观地看到牵牛花每天都在长高。此外，你还可以数叶子的数量。

将信息替换成"数据"，人类大脑更容易理解。

如果将这些数据绘制成图表，牵牛花的生长情况就更一目了然了。这种呈上升趋势的图表会让人类大脑感到舒适。

这个图表能够准确地反映牵牛花的生长情况。你能从图表中看出"快有一米高了"或者"生长速度加快了"等情况。成长图表还可以预测未来的生长情况，例如"以这种速度生长，总有一天会长得比房子还高"。你甚至可以控制牵牛花的生长速度，例如"多给牵牛花施肥，它就能长得比旁边的牵牛花更高"。

　　喜爱数字的人类大脑非常喜欢用这种方式理解成长并进行管理。

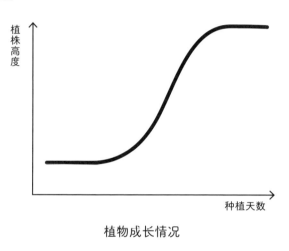

植物成长情况

◆ 成长的方向

衡量植物生长情况的时候，常用的方法是从地面开始测量植物的垂直高度。这个高度叫作"植株高度"。

但是，有时候你会发现植物突然变矮了。明明在不断地生长，为什么植物会变矮呢？

例如，在植物被一阵强风吹歪了的情况下，如果只是简单地测量垂直高度，就会发现好不容易长大的植物变矮了。

我们应该如何衡量植物的生长情况呢？

还有"植株长度"这个概念，是指从植物根部到茎尖的实际长度。如果测量的是实际长度，即便植物是倾斜的，数值也不会变小。

◆ 高度和长度的区别

"植株高度"是指从地面到植物茎尖的垂直高度。

"植株长度"是指从植物根部到茎尖的实际长度。

这两个概念非常相似。对笔直生长的植物来说，植株高度和植株长度的数值是一样的。

但是，对那些倾斜的植物来说，植株高度和植株长度的数值不同。

那些横向生长的植物又如何呢？

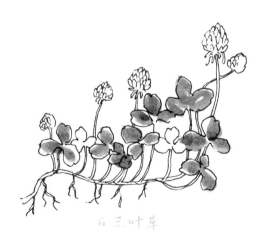

白三叶草

例如，因"找到四片叶子的三叶草能获得幸福"这个说法而闻名的三叶草就是一种横向生长的植物。

它们生长在靠近地面的地方，植株高度几乎为零。由于它们具有横向生长的特性，不管长得多茁壮，植株高度都不会增加。

对于这种横向生长的植物，不能用植株高度来衡量生长情况，应该用植株长度来衡量。

◆ 人类往往用高度来衡量成长情况

植物的生长方式是多种多样的。

并非所有植物都会笔直地向上生长，有些植物在地面上横向生长，有些植物为了追求更多光照而斜向生长，有些藤蔓植物甚至会弯曲生长。

在森林里或草丛里，许多植物生长在一起，彼此影响。我们无法一一测量每株植物的生长情况。

所以，我们倾向于用高度来笼统地评估植物的生长情况。例如，看到牵牛花藤爬上了屋顶，我们会很高兴。但是，也许绕着篱笆生长的牵牛花藤长得更长。

只有看到长得很高的杂草，我们才会意识到该除草了。如果杂草像草坪一样横向蔓延，我们可能根本注意不到。

用高度来衡量成长情况是最容易的。

无论是考试成绩还是经济增长量，都是用高度来衡量的，这是没有办法的事情。成长是复杂的，人类大脑只能用方便理解的方式来衡量成长情况。

被踩过的杂草真的
能站起来吗？

如果植物有能量，
就该用这些能量留下种子。

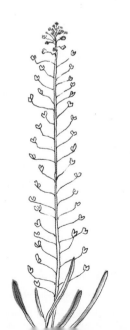
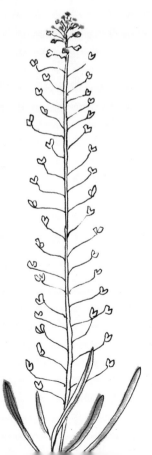

◆ 被踩过的杂草无法站起来

有人说，杂草即使被踩过也能站起来，所以我们应该向杂草学习，即使遭受挫折，也要努力站起来。

但是，真的是这样吗？

看看路边或者庭院里被人踩过的杂草吧。它们都倒在地上，没有要站起来的迹象。

实际上，被踩过的杂草是不会站起来的。

因为它们努力站起来后，又会被踩踏，所以它们放弃了努力。有些杂草是因为被踩过而站不起来，有些杂草预料到将会被踩踏，干脆一开始就不站起来。

"被踩过就不会站起来"，这就是杂草的宗旨。

"被踩过就不会站起来"这个宗旨听起来有点没出息,也有点让人失望。

但事实就是这样。

说到底,为什么被踩过的杂草非得站起来呢?

对植物来说,最重要的事是什么?

是开花,然后留下种子。

如果是这样,被踩后站起来只是白费力气,还不如保持被踩过的姿态,节省能量用来开花。如果有能让自己站起来的能量,不如用那些能量留下种子。

所以,被踩过的杂草不会站起来。

被踩过的杂草必须站起来不过是人类自以为是的想法。

为了得到更充足的光照,植物努力向上生长。但是,植物必须向上生长也是人类的想法。长得高的植物反而容易被踩到,植物根本没有必要长那么高。如果周围没有向上生长的植物,贴地生长也能得到充足的光照。

被踩后一次次站起来也许是很好的生存方式,但如果不能开花，植物的存在就没有任何意义。

　　要把能量用在最重要的事情上。

　　要为了真正重要的事情去努力。

　　"认清真正重要的事并为之努力"，才是杂草真正的宗旨。

什么时候生根?

"为什么无人照料的杂草长得如此茂盛?"

◆ 看不见的成长

　　有时候，植物看起来好像没有生长。

　　例如，在经常被踩踏的地方，杂草不会向上生长，只会横向生长。但是，有时候它们并没有横向生长，长度也没有变化。

　　冬天，植物看起来并没有生长。树木的叶子掉光了，看起来好像枯萎了。冰天雪地中的小草冻僵了，看上去一点也不想长大。在被踩踏或天气寒冷等不适合生长的时候，植物就这样一动不动地忍耐着。

　　但是，植物真的没有生长吗？真的放弃生长了吗？

　　事实并非如此。

　　虽然我们看不见，但植物确实在生长。如果植物既不能向上生长，也不能横向生长，它们就会向下生长。

　　是的，它们会向下伸展自己的根。

　　对植物的生长来说，根是最重要的部分。根能支撑植物的身体，还能吸收水分、养分等生长所需的物质。

植物什么时候生根呢？

在状态良好的时候，植物也会生根，但那时候的主要目标还是努力长茎和叶。当茎和叶无法生长的时候，植物的根就会不断向下延伸。

◆ 正因为没有水

　　江户时代的农业书籍上记载了人们对杂草的怨愤："精心浇灌的蔬菜被夏天的阳光晒干了，为什么无人照料的杂草却长得如此茂盛呢？"

　　为什么无人照料的杂草无惧阳光呢？因为杂草和蔬菜的扎根方式不同。

　　每天有人浇水的蔬菜即使不努力长根也能生长得很好。但是，没有人专门给杂草浇水。为了寻找水分，杂草只能拼命长根。这些强壮的根能在面对烈日时发挥作用。

　　植物在艰苦的环境中忍耐时，会努力伸展根须。这些根就是植物的力量。

　　我们看不见在地面下生长的根。

　　我们乐于见到植物长高或者开花，却不会因为植物的根努力成长而高兴。根的成长就是这样的。

◆ 人类怎样成长？

日语中有"根性""心根"等用来形容本性的说法。这样看来，根的确很重要。

或许人类的成长也是如此。我们能看到身体的成长，却看不到心灵的成长。

升入中学后会换上新校服，这是表面的成长。

但是，即使与昨天的自己相比，你的心灵发生了巨大的变化，也是看不出来的。你自己也无法看到。

成长的方式有很多种。有向上的成长，也有向下的成长。有看得见的成长，也有看不见的成长。

重要的成长是看不见的。即使我们看不见自己的成长，或者无法向上成长，我们也不能放弃成长。

种植花草时阻止它们成长的原因

很多长在田间的杂草都有从节上生根的能力。

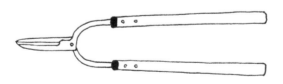

◆ 被剪断的茎

有些植物的茎是笔直生长的。但是，在种植蔬菜或花卉的时候，人们会特意剪断好不容易长高的茎。

为什么要这么做呢?

这项摘掉顶芽的工作叫作"摘尖"。顶芽被摘掉后，茎就会停止生长。但是，新的腋芽会从断口下方长出来，然后长出新的枝叶。

修剪植物的茎，会让植物长得更茁壮，开更多花，结更多果实。所以，人们会特意修剪植物的茎。

一帆风顺的成长不一定是好事。经历挫折对成长而言绝不是坏事。

剪掉好不容易长出来的茎也许会让人感到难过，但这是让植物长出新芽的机会。从植物的角度来看，为了长出新芽，剪掉旧茎是非常重要的。

◆ 植物的节和成长

　　植物的茎被剪断多次，也能长出新芽，枝繁叶茂。这种成长的力量来自哪里呢?

　　植物身上有"节"(植物茎上着生叶或分枝的部位)这个部位。植物的茎长到一定长度时，就会长出一个节，枝和叶都从那里长出来。然后，茎继续生长，长出下一个节。植物的生长就是这种重复的过程。

　　当植物的茎被剪断、生长受到阻碍时，节就成了新的生长"基地"——节上会长出新芽。

　　有些植物还能从节上生根。

　　例如，横向生长的杂草会从节上生根，横向扩展根须，然后长出新茎。它们以节为"基地"，长出许多新茎。

　　很多长在田间的杂草都有这种从节上生根的能力。即使人们耕地或除草时割断了杂草的茎，它们也能从每一个节上长出根，恢复往日的生机。

　　这种杂草根本不害怕耕地或除草。它们的茎被割断的次数越多，再生能力就越强，数量也会越多。

从植物生长的速度来看，节对植物的生长来说可能只是一次短暂的休息。尽管如此，植物还是会长出节。

在植物世界，比其他植物生长得更快意味着可以优先沐浴在阳光中。快速成长对植物来说至关重要。它们本可以不长节，一心让茎长高。但是，植物知道在生长停止的时候，节就会发挥作用。所以，它们会长出节。

人类也会使用包含"节"字的"节点"一词。

对生活在高速运行的社会中的人来说，创造"节点"也许是一件徒劳的事。但是，如果你看看植物世界，你会发现创造一个确定的节点会让成长更稳健。

千年老树是如何生长的？

树干中真正活着的细胞只有
最外层的部分细胞。

◆ 生物的成长趋势

众所周知，生物的成长趋势可以被绘制成一条"S"形曲线。最初，成长速度非常缓慢。但是，到了某个时候，速度会突然变快。当成长到足够大的时候，速度又会慢下来，直至停止成长。

这就是生物的成长趋势。

生物是有成长期的，它们会在成长期内快速成长。

孩子很小的时候可能长不了多高，但到了上小学的年纪，就会开始长高。进入高中后，会长高不少。之后，长高的速度会逐渐变慢，直至停止长高。成为真正的大人后，就不会再长高了。

生物的成长期不仅仅适用于身体的成长。如果你坚持练习某件事，就会在某天突然能够做到。如果你致力于研究某件事，可能就会突然取得重大突破。

对生物来说，这就是成长。

◆ 成长是有终点的

生物的成长趋势可以被绘制成一条"S"形曲线。急速成长后，速度会变慢，最终停止成长。成长是有终点的。

也许有人认为不是这样的，我们一直都在成长。

但是，很遗憾，成长确实有终点。

如果一个事物看起来不断向好的方向发展，不过是因为它的成长期比较长或者成长速度比较缓慢。

不管怎么说，这条"S"形曲线总会走到终点。人不可能一直成长。

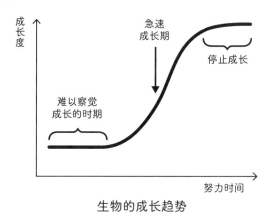

生物的成长趋势

有些树已经活了一千年，长成了参天大树。一千年来，它们一直在生长吗？它们会停止生长吗？

其实，千年老树的生长趋势也是一条"S"形曲线。

不过，树是由活着的细胞和死去的细胞共同构成的。树干中真正活着的细胞只有最外层的部分细胞。内部的细胞其实都已经死了。

有些大树的树干上会出现一个大洞。即使出现大洞，树也不会枯死，因为树干内的大部分细胞都是死细胞。树干中的细胞会不断成长，直至死去。新生细胞会继续成长。树干就是这样一圈一圈向外生长的。

树干中的细胞的成长是有终点的。新生细胞会经历新的成长。就这样，在细胞不断成长与死亡的过程中，树木不断生长。

生物的成长趋势可以被绘制成一条"S"形曲线。

持续成长的方法是，重复这种成长趋势，不断成长。

抽穗的水稻是不是
不再生长了？

有些成长是一种"质变"。

◆ 衡量成长情况的标准

假设植物A和植物B是两株相同种类的植物。如何判断哪一株长得更好呢?

如果植物A长得比较高,乍一看,我们会觉得植物A长得更好。但是,植物A还没有开花。植物B虽然长得矮,但是开了很多花。

那么,到底哪一株长得更好呢?

从植株高度来看,植物A长得更好,植物B长得没那么好。

如果以植株高度为标准,我们可以对生长情况进行比较。

但是,植物A没有开花,只是叶子非常茂盛。植物B却开了很多花。植物的生长就是发芽、伸展枝干、开花、留下种子的过程。从生长进程来看,植物B明显成长得更快。

成长不仅仅意味着量变,质变也是成长。对生物来说,质变往往更重要。

但是,人类更容易理解用数字来表示的植株高度。所以,我们总想用植株高度去衡量植物的生长情况,再根据具体情

175

况给植物施肥，让它们长高。

多施肥虽然能让植物长高，但它们不会开花。这时，植物会拼命伸展枝叶，以至于忘记开花。最终，它们可能还没来得及开花就枯萎了。

这种过程可以称为"成长"吗？

◆ 水稻的生长过程是质变

我们来看看水稻的生长过程吧。

我们日常食用的大米是由水稻结出的稻谷经加工得来的。水稻秧苗被种下后，不久就会长出许多分枝，这个过程被称为分蘖。最初，水稻会以极快的速度分蘖，之后速度减慢，直至停止。

过度分蘖的水稻的茎会渐渐枯萎，分枝的数量就会减少。这是不是意味着水稻的生长停止了？是不是再也不会生长了？

答案是否定的。

一旦停止分蘖，水稻就会开始下一个阶段的生长。

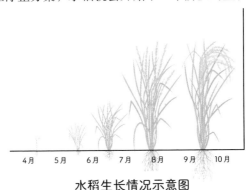

水稻生长情况示意图

177

在分蘖时，水稻会长出叶子，但茎不会长高。分蘖结束后，茎才会继续长高，这个过程被称为"节间生长"。分蘖是帮助植株横向生长的过程，节间生长是帮助植株纵向生长的过程。经历这些过程，水稻才能长大。不久，茎的生长速度也会变慢。

水稻的成长要结束了吗？

并没有。

茎停止长高后，会长出稻穗，这个过程被称为"抽穗"。然后，水稻会开花、结稻谷。

水稻的生长过程包含这些各异的阶段。

最初，水稻通过分蘖横向生长，然后通过节间生长纵向生长。茎开始长高的时候，就不再分蘖了，因为成长的阶段已经不一样了。最后，水稻抽穗、开花、结稻谷。

到了这时，水稻不会分蘖，茎也不会长高了。这时如果数分枝的数量或者测量水稻的高度，数值并不会增加。

你觉得抽穗的水稻没有生长吗？还是说，这也是一种成长呢？

什么是成长?

长得比平时高的水稻其实是在苦苦挣扎。

有一个很久以前的故事。

有一年，水稻长得非常好，比往年更高。

村民们十分高兴，相信肯定会迎来大丰收，甚至写好了庆祝的歌曲。

但是，到了秋天，情况如何呢？不知为何，这些水稻几乎没结多少稻谷。非但没有迎来大丰收，说是颗粒无收也不为过。

为什么会这样呢？

实际上，这一年有很长一段时间光照不足，气温也很低，有冻害的迹象。因此，为了得到更多光照，水稻秧苗只能不停地向上生长。长得比平时高的水稻其实是在苦苦挣扎。

但是，村民们无法看到水稻的挣扎，只能看到水稻秧苗长得很高这个现象。村民们只看到了水稻外在的成长，为它们长得比平时高而高兴。

其实，重要的不是水稻的高度。不管它长得有多高，如果不能结出稻谷，就什么用也没有。真正的成长是看不见的，但村民们只关注了看得见的成长。

我们有资格嘲笑这些村民吗？

◆ 是成长还是成熟?

水稻长出稻穗后，就能结出稻谷。

此时，水稻的茎和叶子都会变得枯黄。此后，它不会再长大，只会渐渐枯萎。

有没有能让水稻长得更高的方法呢？可以给水稻施更多肥，让它的茎叶茂盛生长。在一些施肥过多的稻田里，即便到了秋天，水稻也依然绿意盎然。这些水稻不会干枯，叶子长得很茂盛。但是，这样真的好吗？

水稻的叶子长得很茂盛，看上去绿意盎然，这是我们追求的结果吗？这是水稻"幸福"的模样吗？

有一个词语叫作"成熟"。

枯萎的水稻不会再长叶子，但它会结出饱满的稻谷，垂下稻穗。这样的姿态不正是"成熟"的姿态吗？

还有一个词语叫作"不成熟"。

那些伸展枝叶、拼命长高的水稻不管长得多高，也是"不成熟"的。因为它们并没有成长。

成长不仅仅指体形变大。它有许多阶段，植物需要按照顺序走过一个又一个生长阶段。最终，水稻停止分蘖，茎也停止生长，走向枯萎。这才是"成熟"。

水稻终会成熟，所以秋天金黄色的稻田才如此美丽。

不仅水稻和人在成长，经济、社会也在成长。

人们总是试图用数字来衡量成长，当数字不断上涨时，人们感到很高兴，期盼这样的成长能永远持续下去。但同时，人们也在不断持续的成长过程中苦苦挣扎。

这样真的好吗？纵观生物世界，生物的成长都是以成熟为目标的。真正美不胜收的正是它们成熟的姿态。

第 **5** 章

成长的力量来自哪里?

"人必须成长！"
这个说法是真的吗？

人的大脑常常会做出
错误的判断。

给种下的种子浇水，不久后就会发芽。

给长出的新芽浇水，不久后就能长大。

难道水里有能促进植物生长的秘诀吗？

水是植物成长必不可少的物质，但促进植物生长的秘诀并不在水里。植物拥有生长的力量，它们是靠自己的力量生长的。

植物不会思考努力发芽或努力成长等问题，它们会自然生长。

成长就是这样的，生物本身就拥有成长的力量。

◆ 自然而然地成长

你可能会想，植物不是没有大脑吗？它们怎么会思考要不要努力成长呢？

智力高度发达的人类又是怎样的呢？

刚出生的婴儿最初只能躺着。颈部的骨骼长结实后，不久，婴儿就会开始翻身。没人催促婴儿翻身，但婴儿自己会去尝试。

看到努力翻身的婴儿，大人会在一旁加油。其实婴儿并不是在努力，只是因为不翻身就不舒服，所以想翻身而已。

不久，婴儿开始爬行。没人命令他们，他们自己就会尝试爬行。

学会爬行后，婴儿就会尝试抓着别的东西站起来。

能抓着东西站起来后，下一步就是跌跌撞撞地学习走路。但是，这都不是婴儿努力的结果。婴儿学会走路，不是他们下定决心一定要学会走路，只是因为他们想学习走路。

到了一定的时间，就会想做某件事。到了一定的时间，就能做到某件事。这就是"成长"，没必要为了成长而努力。

◆ 大人也想成长

　　成长是不需要努力的。因为生物生来就具有成长的能力，所以自然会成长。

　　孩子的成长是能看到的，他们的个子一天天变高，恒牙取代了乳牙，也渐渐长成了成年人的样子。

　　一旦成为大人，就不会再长高了，也不会再换牙了。但是，成长不仅仅是身体的变化。

　　水稻分蘖后茎才会长高，茎长高后才会结稻谷。虽然成长形式发生了改变，但是在结稻谷之前，水稻会持续成长。

　　成年人也是一样的。

　　成为大人后，有时会遗憾过去没做到某件事情；有时会在和别人的比较中感到挫败，自我厌恶。但这就是人想要成长的证据。即便长大成人，我们依然拥有成长的力量。

　　人类是大脑非常发达的生物，不管做什么都喜欢用大脑进行思考。但这也是人类的缺点，因为大脑经常会做出错误的判断。成年人尤其容易过度依赖大脑。

　　水稻在分蘖时不会长茎。不管怎么思考背后的原因，事实就是如此。到了时间，自然就会生长。这就是成长。

　　也许我们应该向内寻找"成长的能力"，倾听自己内心渴望成长的声音。那些让你快乐的好奇心以及让你渴望尝试的挑战心和上进心，正是能在这个成长阶段发挥作用的成长力量。

以前，人们不"种"水稻吗？

俗话说："瓜秧不长茄子。"

◆ 成长的形式是固定的

生物具有成长的力量。

成长的形式是固定的。

俗话说："瓜秧不长茄子。"因为以前茄子是高级蔬菜，瓜类比较便宜，人们就用"便宜的瓜秧上长不出高级的茄子"来比喻平凡的父母生不出优秀的孩子。也就是"龙生龙，凤生凤"的意思。

的确，瓜秧不管怎么努力，也不会长出茄子。

但这是坏事吗？

瓜秧上只要能长出好瓜就可以。按照种茄子的方法培养瓜秧，种不出好吃的瓜。瓜秧就要用种瓜的方式栽培才可以。

说到底，是谁提出了瓜类很廉价、茄子很高级这种说法？

随着种植技术的进步，现在茄子也卖得很便宜。瓜类的情况又如何呢？现在，瓜类中也存在相当昂贵的品种。评价本就是会因时代不同而发生变化的东西。

我们必须用合适的方式种植茄子和瓜类。分辨到底是什么作物的幼苗才是我们真正应该做的事。

◆ 丑小鸭

《安徒生童话》中有一个关于"丑小鸭"的故事。

鸭妈妈孵出了一群小鸭子。小鸭子们身上长着嫩黄色的绒毛，可爱极了。在这群小鸭子中，有一只体形较大的小鸭子，身上的羽毛是灰色的。大家都欺负这只看起来不一样的丑小鸭。

被欺负的丑小鸭度过了一个悲伤的冬天。然而，冬天过后，它褪去了灰色的羽毛，变成了美丽的天鹅。

即使是美丽得令人赞叹的天鹅，被鸭子抚养也会很痛苦。

只有将天鹅当作天鹅来养，它才能具备天鹅的魅力。

生物具有成长的力量，成长的形式是固定的。如果你要责备鸵鸟为什么不会飞，它会变成没用的鸟；如果能在水中游动的企鹅非要羡慕在天空中飞翔的小鸟，它们只会感到悲伤、痛苦。

成长的形式是固定的。天鹅的孩子必须意识到自己将成为天鹅。探究成长的形式至关重要。

◆ 不"种"水稻

"种水稻"这个短语中的动词是"种"。

但是，前日本农业与自然研究所代表理事宇根丰曾指出，以前人们把这个行为称为"收谷"，而不是"种水稻"。因为水稻不是人类"种"出来的，而是自己长出来的。

水稻本身拥有生长的力量。它能在土壤中伸展根须，展开叶片沐浴阳光，长出稻穗，最终结出稻谷。

培育水稻的并不是人类，而是阳光、水和土壤。对以前的人来说，稻谷是大自然的馈赠。所以，水稻不是人们主动"种"出来的，而是被动收获的。随着肥料和农药技术的发展，人类可以控制水稻的生长速度。于是，人们开始使用"种水稻"这个说法。

但是，与以前相比，水稻的生长过程并没有发生多大的变化。水稻是自己"成长"的，不管人类能够如何控制水稻的生长速度，能做的事都是有限的。

◆ 以前人们能做的事情

不用"种水稻"这个说法在现代人看来是不可思议的事情。

但是，以前人们并不是完全不用"种"这个词。实际上，以前人们会使用"种田"这样的说法。

如果不耕田，水稻的根就无法在土壤中伸展。如果不灌溉田地，水稻就无法生长。如果不拔除杂草，就会妨碍水稻生长。

但是，是水稻自己生长的。培育水稻的是阳光、水和土壤，人类能做的只是帮助水稻健康生长。

以前，人们能意识到栽培的本质在于帮助植物创造适宜的环境。与之相比，"种水稻"这个说法多么大言不惭啊。

说起来，还有一个词叫作"育儿"。其实，孩子并不是被"养"大的，而是自己长大的。也许父母唯一能做的就是为孩子创造成长的环境。

图书在版编目（CIP）数据

万物成长的故事 /（日）稻垣荣洋著；刘雨桐译
. — 北京：北京联合出版公司，2022.11（2023.10重印）
ISBN 978-7-5596-6463-1

Ⅰ. ①万… Ⅱ. ①稻… ②刘… Ⅲ. ①生物学—普及
读物 Ⅳ. ①Q-49

中国版本图书馆CIP数据核字 (2022) 第178409号

北京市版权局著作权合同登记 图字：01-2022-3350

<Ikimono ga otona ni naru made: Seicho wo meguru seibutsugaku>
Copyright © Hidehiro Inagaki 2020
First published in Japan in 2021 by DAIWA SHOBO Co., Ltd.
Simplified Chinese translation rights arranged with DAIWA SHOBO Co., Ltd.
through LeMon Three Agency（Shanghai Moshan Liuyun Cultural and Art Co.,Ltd）.
Simplified Chinese edition copyright © 2022 by Beijing United Creadion Culture Media Co., LTD.

万物成长的故事

作　者：（日）稻垣荣洋	译　者：刘雨桐	
出 品 人：赵红仕	出版监制：辛海峰　陈　江	
责任编辑：夏应鹏	特约编辑：王世琛	
产品经理：周乔蒙	版权支持：张　婧	
封面设计：U 有 态度 iAttitude Design Studio 设计工作室 联系方式 qq461084	版式设计：任尚洁	

北京联合出版公司出版
（北京市西城区德外大街83号楼9层　100088）
北京联合天畅文化传播公司发行
凯德印刷（天津）有限公司印刷　新华书店经销
字数 110千字　880毫米×1230毫米　1/32　6.5印张
2022年11月第1版　2023年10月第2次印刷
ISBN 978-7-5596-6463-1
定价：48.00元